無限可能的家居配色事典

紅糖美學／著

無限可能的家居配色事典：悅色

2020年8月1日初版第一刷發行

著　　者　紅糖美學
主　　編　陳其衍
美術編輯　黃郁琇
發 行 人　南部裕
發 行 所　台灣東販股份有限公司
＜地址＞台北市南京東路4段130號2F-1
＜電話＞(02)2577-8878
＜傳真＞(02)2577-8896
＜網址＞http://www.tohan.com.tw
郵撥帳號　1405049-4
法律顧問　蕭雄淋律師
總 經 銷　聯合發行股份有限公司
＜電話＞(02)2917-8022

國家圖書館出版品預行編目資料

無限可能的家居配色事典：悅色 / 紅糖美學著 -- 初版. -- 臺北市：臺灣東販，2020.08
200面；18.5×20.8公分
ISBN 978-986-511-422-0（平裝）

1. 家庭佈置 2. 室內設計 3. 色彩學

422.5　　109009349

前言 PREFACE

隨著社會的發展，人們對生活品質的要求也愈來愈高。家是人們生活的港灣，因此擁有一個舒適、心儀的家居環境可以讓我們的身心受益。

在家居裝飾中，比起材料與造型，色彩往往能帶給我們更直覺、更具衝擊力的視覺效果。在實際家裝中，可以透過色彩來彌補房屋的不足，讓家居環境更美觀。更重要的是，運用色彩來營造我們期望的空間氛圍，可以滿足我們對美好生活的追求與渴望。

本書透過開篇十個常見的家居配色問題引入，以精簡的文字結合豐富的圖示講解家居配色實際操作時需要瞭解的問題；基礎知識部分分爲兩個章節，分別講解了色彩的基礎知識以及色彩與居室環境的關係，讓讀者可以培養基本的色彩感知，並且更加敏銳地感受居室色彩的魅力。本書在配色技巧方面的內容十分豐富，不僅講解了軟裝的色彩搭配技巧，還針對不同的房間、不同的戶型進行配色分析，讓讀者在實際進行家居配色時能夠對症下藥；最後兩章提供了大量的優秀家居配色案例，色彩的色標、色名備註完整，幫助讀者完成理論到實踐的自然過渡，讓讀者可以自如應對愛家的色彩搭配。最後的附錄部分提供了立邦和得利的部分牆面漆色卡，以及不同的色彩意象搭配方案，讓讀者可以將書本上的理論知識快速運用到家居配色的實際操作中。

本書適用於家居配色設計入門讀者、家裝行業人員、軟裝設計師等，既能爲專業設計師提供一流的家居配色指導，又能爲每一位愛家人士帶來經典的常用配色方案。

BEFORE READING 關於本書的色標

色條

下圖中的色條一般運用在家居案例圖的下方，可直觀地表現案例的配色方案以及色彩間的關係，使讀者能更好地理解和感受。

色塊＋數字色標

加數位色標通常與色條結合使用，主要目的在於指明色彩的 CMYK 和 RGB 數值，便於讀者在電腦軟體上進行配色。

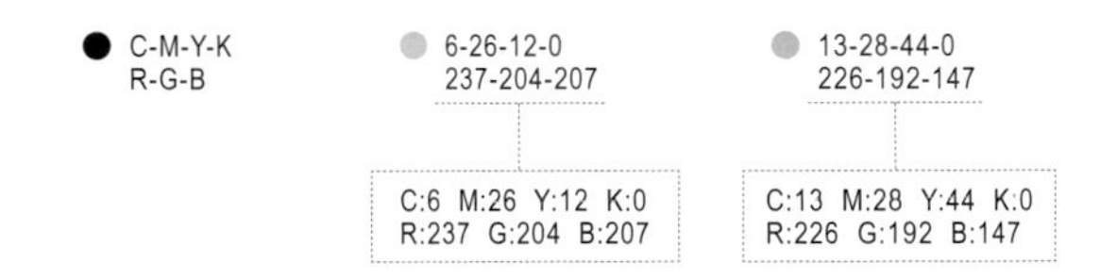

色條＋文字解說

透過色條與對應的文字解說來對家居案例配色進行細緻的講解，幫助讀者更好地理解與體會。

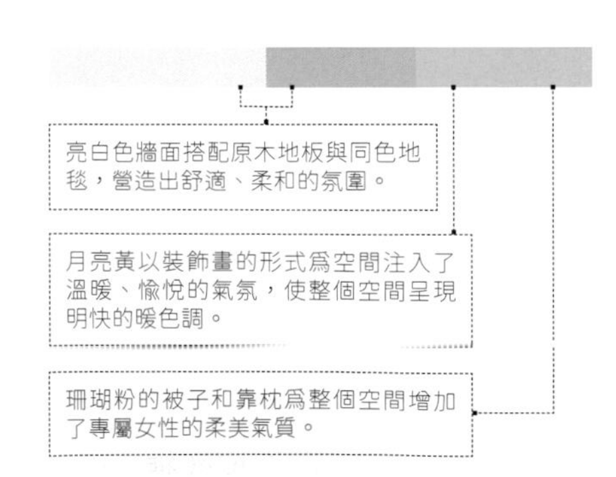

調色板＋色名

調色板中的色塊大小表示該顏色在案例中所占的面積比重，比如面積較大的兩個色塊在多數情況下表示牆面和地面的顏色。色名可以讓讀者感受到色彩的魅力，並且便於讀者在實際運用中進行口頭描述。

附錄色標

附錄為中國立邦和得利的牆面漆色卡（僅供參考），並按照不同的色彩印象進行了分類。另外，附錄中還提供了不同房間的配色速查。

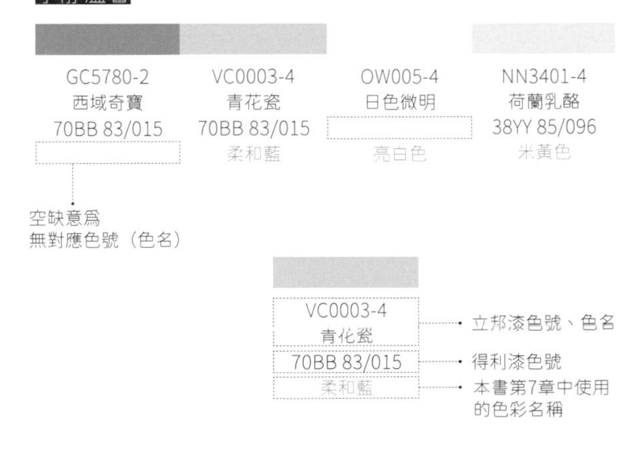

目錄 CONTENTS

PART

10個常見家居配色問題 你都解決了嗎

PART

「色」眼識家

CONTENTS 目錄

PART THREE

裝修前必讀！色彩與居室環境的關係

PART

點亮家的必備配色思路

PART

FIVE

人人必備的軟裝搭配指南

PART

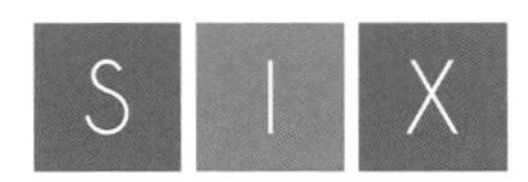

不同戶型的配色思路

PART

SEVEN

不同房間的配色思路

PART

搭出家的一萬種可能

附 錄

PART ONE

10個常見家居配色問題你都解決了嗎

COLOR MATCHING

COLOR MATCHING

居室的色彩搭配通常從哪裡開始？

PART ONE

彌補房間缺陷

我們對居室空間進行色彩搭配的初衷都是爲了改善或優化居住環境，因爲房間的構造和面積往往是後期很難改變的條件。比如面積狹小的房間，爲了使空間更加寬敞，在配色上可以採用色調明亮、柔和的色彩，並且後期配色就可以以此爲基調進行色彩搭配上的延伸。如右圖所示，房間色彩都採用淺色、弱色，氛圍樸素、清冷，給人開闊、寬敞的感覺。

明淡色調給人寬敞、開闊的空間感受

房間不可變更的色彩

有時，房間中有些色彩是無法變更的，例如已經鋪好的地板，已經刷好的牆面顏色或者已經購置的沙發等。這時爲了使房間整體效果和諧，我們必須優先考慮這些色彩，也就是說，新添置的家具或裝飾的色彩，就要以這些色彩爲基礎去進行搭配。當然，在一兩種色彩不可變更時，我們仍可透過與其他色彩的合理搭配，來達到自己想要的居室效果。如右圖所示，在地板和茶几色彩已經確定的情況下，透過對添置的沙發和粉刷的牆面色彩的調整，可營造出完全不同的色彩印象。

質樸、溫暖的色彩印象　　睿智、男性特性的色彩印象

個人喜歡的風格

第三種途徑是最理想的，就是根據個人喜好和審美，找到自己心儀的色彩印象，將其運用到居室配色上。當我們步入這樣的空間時，心理上會有強烈的共鳴，因爲這樣的色彩搭配含有自身的情感和經歷，會使我們有歸屬感和愉悅感。如右圖所示，多數女性居住者能對暖粉色產生愉悅感和共鳴。

具有女性特性的色彩印象

顏色愈多愈「酷炫」？

色彩過多，意向不明確 雖然房間色調統一，但採用的色彩過多，整體色彩上沒有明顯傾向，容易使人感到煩躁。

可愛、田園風的色彩印象 房間配色採用對比型，粉紅色和綠色搭配，給人可愛的印象；色調微濁，搭配棕色系，充滿了田園風情。

簡約、現代、時尚的色彩印象

「酷炫」與色彩數量無關

很多人認爲色彩愈豐富，空間效果愈張揚、炫酷，於是在沙發、牆面等較大面積的色塊上無傾向地加入多種色彩，這樣搭配出的配色往往色彩印象模糊不清，不僅沒有使人感到愉悅，反而會帶來消極的情緒。

其實「酷炫」的色彩效果可以理解爲奪目、絢麗、有格調，在配色上採用對比型就可以達到這樣的效果。如左圖所示，黃色的燈具、抱枕和裝飾畫在黑白灰的無彩色襯托下顯得絢麗、奪目，充滿時尚感。

COLOR MATCHING

如何打造令人心動的配色？

PART ONE

與印象一致的配色使人產生好感

一個優秀的居室色彩搭配所表達出的印象往往都會契合居住者的喜好。熱烈、歡快的印象需要鮮豔的暖色組合來表現；安靜、沉穩的印象，需要柔和的冷色來表現。另外，時尚的與傳統的、田園的與都市的，這些完全不同的印象，需要不同的色彩搭配來表達。

當居室的配色與腦海中想像的印象不一致時，居住者會感到迷茫或矛盾。就算我們的配色比例把握得再好，都無法讓人產生好感。這樣的居室配色是無法打動人心的。

熱情、溫暖的色彩印象 紅、橙、棕的暖色系配色，點綴明豔的黃色，空間充滿熱情與活力。

裝飾風格與色彩不搭 中式古典的風格卻搭配了純度很高的綠色，這種矛盾的居室氛圍讓人產生焦慮感。

局部也要注意色彩印象的統一

當我們根據色彩印象進行居室搭配時，還要注意「以小見大」——居室的局部位置也要符合該色彩印象。比如，北歐風格的客廳的色彩印象是清爽、簡約的，卻選用了厚重、莊嚴的深棕色歐式茶几。整個客廳呈現出的效果既沒有北歐風的簡潔、清爽，也沒有歐式的典雅、高貴。所以局部的色彩印象要與整體相統一。

沙發椅採用明麗的黃色與厚重的藏青色搭配，傳達出休閒、愉悅的感受。

床上用品使用明亮的濁色調，傳達出臥室自然、細膩、舒適的感受。

能產生共鳴的配色帶給人舒適感

一個優秀的家居配色方案需要考慮空間尺度、日照反射以及座向等情況，還要結合居住者的個性特徵、審美趣味。

當居住者走進一個精心配色的居室空間時，他會感到舒適、愉悅、具有安全感，因爲這樣的配色可以讓人明確感受到空間的色彩印象，引起居住者內心的共鳴。灰紫色和藍色搭配會有嚴謹、理性的感覺，橘紅色和黃色搭配會有純眞、可愛的感覺。但如果辦公室用橘紅色和黃色配色，或者兒童房用灰紫色和藍色配色，會給人格格不入的感覺，也會降低空間的舒適感、愉悅感。

透過不同色彩的適當調配，可以產生豐富多樣的色彩印象。我們將色彩屬性以直觀感受進行分類，就能輕鬆表達出我們想要的情感和印象。

歡樂、繽紛的兒童房 全相型的色彩搭配適合兒童房自由、喧鬧、歡快的氛圍。

嚴肅、沉寂的兒童房 將藍色、灰紫色作爲兒童房配色，會給人壓抑、封閉的感覺，容易使人情緒低落。

色彩的溫度

藍色屬於冷色系，紅色、橙色、黃色等屬於暖色系，紫色和綠色屬於中性色。

明亮的冷色給人清新、純淨、寧靜的感覺。

暗濁的冷色給人可靠、嚴謹、冷靜的感覺。

明亮的暖色給人熱情、活力、陽光的感覺。

暗濁的暖色給人充實、傳統、古典的感覺。

色彩與年齡群體

明淡色調象徵嬰兒，暗濁色調象徵老人。顏色愈深，成熟、穩重感愈強。

明淡色調可表現嬰兒的純潔、柔軟。

明強色調可表現兒童、少年的天眞、活潑。

鈍強色調可表現青年、中年的理性、成熟。

暗澀色調可表現老人的傳統、莊重、安詳。

同爲淡色調，橙粉色給人優雅、溫柔的印象，橙黃色則給人愉悅、放鬆的感受。

配色是否應考慮空間特點？

結合空間使用者的情況來考慮

在居室配色中，不同的使用者有著不同的配色需求，因此在很大程度上決定了配色的思考方向。使用者的年齡、性別、職業等都是造成不同配色需求的重要因素。我們在對居室進行配色時應該更多地去契合使用者的喜好，比如年輕人偏向於鮮豔、活躍，中老年人適合低調、平和，嬰幼兒則適合粉嫩、可愛。

根據不同空間的用途來選擇配色

居室內的空間布局都是根據生活和家人的因素進行裝修的，每個空間都有各自的用途和功能，而其用途往往決定了我們所要營造的效果。客廳應當顯得明亮、放鬆、舒適；廚房適於用淺亮的顏色，但要慎用暖色，因爲當我們在使用廚房時暖色會帶來悶熱的感覺，若長期如此會對廚房有厭倦感。走廊和門廳只是起通道的作用，因此可大膽用色。而臥室用於休息、睡覺，應注意安靜與閒適。所以在色彩選擇上，我們應根據空間的不同用途，做出合適的配色方案。

明度適中的濁色調和無彩色系營造簡潔乾淨的衛浴間。

高純度橙色系呈現餐廳的熱烈、舒適，可增進食慾。

天眞可愛的兒童房間 高純度、高明度的色彩很適合表現兒童充沛的活力。

成熟穩重的成人房間 低純度的濁色調給人穩重、洗練的感覺，適用於成人。

色彩可以調整空間比例

大部分居室空間都比較適中，但也有顯得狹小或空曠的；有的層高太高，有的層高則太低。當我們不能從根本上去解決這些空間問題時，運用配色來適當調整也是一個不錯的選擇。比如，如果空間空曠，可採用前進色處理牆面；如果空間狹窄，可採用後退色處理牆面。

高純度的黃色具有膨脹作用，使空間變得緊湊。

高純度藍色的牆面，給人後退感，空間變得寬敞。

在裝修之前有必要先確定家具的顏色嗎？

PART ONE

確定家具後從整體考慮裝飾配色

現在許多人在對居室進行裝修時大多都是先研究居室戶型，再制定具體的裝修方案，最後才去選擇家具。其實這樣會存在很多問題，如果我們預先沒有確定好家具的顏色及樣式，而是孤立地對牆面、地面等風格、色彩進行考慮，很有可能後期會很難找到與之匹配的家具。

事實上，在對家具的顏色選擇上，自由度相對是比較小的，而對牆面、地面等顏色的選擇則有很多可能性。因此，我們可以先確定家具，再根據配色規律來確定牆面、地面的顏色，以及一些裝飾陳設的選擇。

然而先確定家具，並不代表一定就要先把家具買回去。我們可以先在商場或者網上瞭解清楚自己喜歡的家具，然後將它們進行一個大致的分類，整理出各自的色彩特點，再根據這些制定出大體的配色規劃。

從家具的選擇到色彩的搭配整體都呈現了歐式的古典風格。

家具與硬裝風格匹配 根據確定好的家具色彩再去選擇合適的硬裝色彩，整體空間色彩匹配統一，風格一致。

家具與硬裝風格各異 事先沒有確定好家具色彩導致與硬裝色彩不搭，色彩風格各異，給人混亂的感覺，整體不和諧。

純白色牆面＝百搭的效果？

純白色牆面強烈的刺激性 床上用品、綠植和床頭櫃純度都比較高，給人醒目、鮮明的感覺，純白色牆面的出現使得空間效果更加強烈，具有刺激性。

與周圍色彩傾向融合的白色牆面 將純白色的牆面換成灰白色，與居室空間色彩傾向一致，都偏冷色系，整體效果變得柔和協調，沒有那麼強烈的刺激感。

白色也可以有冷暖差異

可能很多人都認爲純白色是一個安全保險又百搭的顏色，可以與任何其他色彩相搭配。但實際上我們應該要知道的是，純白色不等於白色，純白色從視覺感受來看，和其他鮮豔的顏色一樣，都具有很強的刺激性。尤其當大面積使用時，會產生眩光的問題，容易引起視覺疲勞。

純白色並沒有想像的柔和。比較適合室內裝潢的顏色，反而是略帶暖色調的米白色和乳白色。當純白色與其他白色搭配在一起時，更加應該引起注意，比如米白色如果與純白色並置，看起來會暗淡無光。

因此選擇出合適的白色尤爲重要，我們可以根據白色的冷暖傾向來做出正確的判斷。冷色系的色彩適合跟偏冷的白色一起搭配，而暖色系的色彩則適合與偏暖的白色一起搭配。純白色更適合用來做一些邊飾，以增加空間俐落感。

黃色的抱枕、燈具，玫紅色的衣服、床頭板都偏向於暖色，牆面則選擇了偏暖的白色，整體時尚、大氣。

COLOR MATCHING

一個房間內的牆面最多可以塗刷幾種顏色？

PART ONE

抑制住衝動控制色彩數量

經常我們都會有這樣的想法：什麼都想要試一試。於是在對居室配色時，我們可能就很難控制住自己，經常會有塗刷多種顏色的衝動。但是爲了整體空間的美感和統一，應該儘量把色彩控制在一到兩種。其實眞的想要營造絢麗的居室氛圍，並不一定要在牆面上多刷幾種顏色，完全可以透過在家具、花卉、飾品陳設上多選擇一些顏色，這樣自然就能有多姿多采的空間。

簡潔單一的牆面顏色使整個空間融合協調，營造了舒適、大氣的居室氛圍。

壁紙與牆面要一致

牆面作爲居室配色中的背景色，是家居配色中最容易讓人關注的地方，因此一個淸晰的背景是很重要的。有時候我們除了刷牆漆之外還會張貼壁紙，爲了保持兩者的共通感，避免割裂感，壁紙圖案及色彩應儘量與牆漆相近。

多色牆面混亂無秩序 紅色的沙發以及藍色的畫在整個空間中已占據較大面積，色彩已經很豐富，再加上牆面的多種色彩，導致空間效果混亂，沒有主次。

減少色彩數量後統一協調 減少牆面顏色之後，整個居室主次立刻變得明確，同時依然保持了豐富絢麗的色彩效果。

COLOR MATCHING

色彩常用的表述方式及各自優缺點有哪些？

PART ONE

RGB和CMYK兩種不同的數位色彩模式

RGB和CMYK是電腦圖形常用的兩種色彩模式，兩者原理不同，所應用的範圍也不一樣。RGB模式一般用於顯示器顯示、網頁設計等，而CMYK模式一般在平面設計領域應用較多，主要應用於色彩印刷領域。

這種數位方式可以使我們準確地標識出某一個色彩，但是它的缺點就是過於機械，單純地依靠數字不能傳達出色彩的屬性和情感，過於乏味。

以孟塞爾體系為代表的色立體

色立體是指藉助於三維空間形式來表現的系統的色彩體系，可同時體現色彩的明度、色相、純度之間的關係，常以孟塞爾體系爲代表，是國際上最普及的色彩分類及標定方法。這種表述方式可以標識出色彩的色相、明度、純度，可以直接地傳達出色彩的屬性。但是它不能像數位方式那樣直接精確地標識出一個色彩。

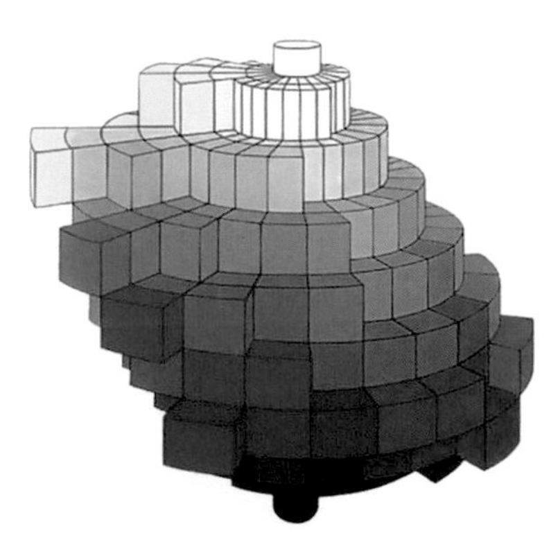

孟塞爾體系

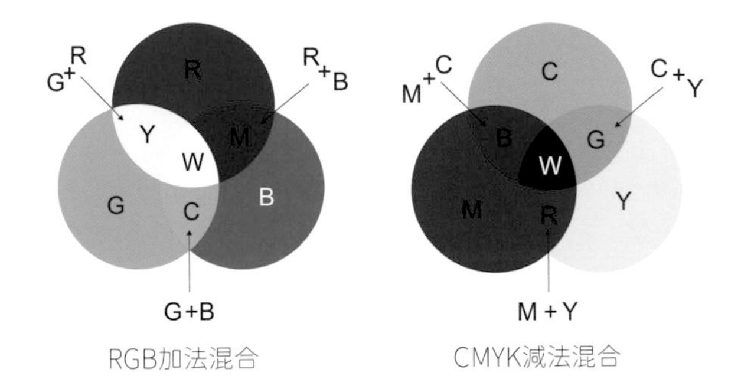

RGB加法混合

CMYK減法混合

色彩的色名

色名方式從字面意思理解就是色彩的名稱，比如玫瑰粉、杏黃色、象牙色、橄欖綠等。這種方式往往可以很直觀生動地反映出色彩的形象和它所承載的情感，有很強的暗示性和氛圍感。但是這種方式不像前面兩種方式那麼利於管理，通常在口頭上進行色彩溝通時，我們就可以選擇色名方式。

赤銅色 #78331e	向日葵色 #ffc20e	新橋色 #50b7c1	乳白色 #d3d7d4
赤褐色 #53261f	鬱金色 #fdb933	淺蔥色 #00a6ac	薄鈍 #999d9c
金赤 #f15a22	砂色 #d3c6a6	白群 #78cdd1	銀鼠 #a1a3a6
赤茶 #b4533c	芥子色 #c7a252	御納戶色 #008792	茶鼠 #9d9087
赤錆色 #84331f	淡黃色 #dec674	水色 #afdfe4	鼠色 #8a8c8e

COLOR MATCHING

如何確定並提煉出自己喜愛的色彩？

PART ONE

生活是最好的靈感大師

在想營造出一個理想完美的家居配色之前，首先應該確定好自己喜愛的色彩印象。而色彩印象的來源有很多：比如說一場美好的旅行，可以從旅行照片中提取；也可以是一部經典的電影，從裡面的一個場景或者一套服裝整理；還可以是一個自己喜愛的物品，一幅畫或者一本雜誌，這些都是能讓我們確定自己所喜愛色彩印象的來源。

地毯

擺設品

繪畫

海報

如何從喜愛的作品中提煉印象色標

當確定了色彩印象的來源之後，就可以從中整理出印象色標。根據先大後小的面積歸納出5個左右的色彩色標，再根據配色原理，查看這些色標之間的色彩關係，比如它們的色相型、色調型等。接著確定它們之間的主次關係，比如哪些顏色是主色，哪些顏色是副色，哪些顏色是點綴色。經過這樣仔細的分析，我們就可以清楚地制定出具體的配色方案。

將圖片進行特殊（如晶格化）處理之後，更加容易區分出主要的色彩構成。

畫面主要由紅、藍、橙三種色相組成，屬於明、淡弱色調，可給人平和、純淨的感覺。

擴展得到的三個主色

珊瑚粉 天空藍 米黃色 灰白色 深棕色

預估空間色彩布局的面積大小，做出合適的比例分配。

根據之前計畫的色彩布局及面積分配將色彩運用到居室空間中，在實際配色中，可以重複運用某一個色彩或者強調某一色彩，使空間效果更和諧。

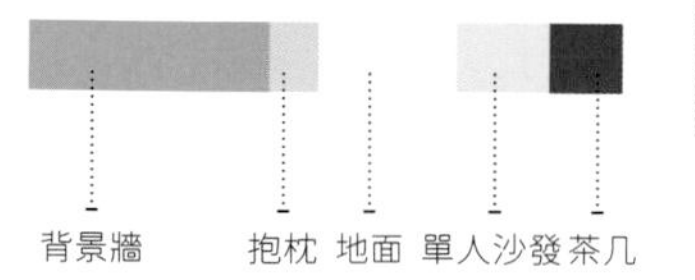

背景牆 抱枕 地面 單人沙發 茶几

哪些輔助工具可以記錄、規劃色彩？

為居室進行配色是很複雜的一項工作，尤其在裝修完之前，家具、陳設飾品、房屋這些物件幾乎不會處在同一個場所之中。甚至家具和陳設的物品也會來自於不同的地方，當然也不可能把我們喜歡的都搬回去一件件地比較，所以，我們通常都會採取將各個物品進行虛擬的構思、分類，制定一個比較合理的方案，然後再將實際物體組合在一起。但是在這期間對這些物品整理分類，如果沒有一定的方法和輔助工具，想要制定出滿意的方案是很困難的。

收集材料樣板以便隨時比較記錄

當輾轉於各個商場或者網站，看到自己很喜歡的家具或者飾品時，我們可以將相關的一些材料進行採樣或者收集。比如沙發布紋的布條、瓷磚的邊角料、木材的樣板。如果是牆漆顏料，可以塗在一塊小的木板或者紙板上。將這些收集的材料樣板隨身攜帶，在遇到同類產品時我們就可以很方便地與之比較。

瓷磚樣板

木材樣板

準備一套國際通用色卡

如果要求更精確的色彩，那麼可以準備一套國際通行的色卡，比如知名的PANTONE（彩通）色卡。將材料的顏色對應到色卡上的具體色標，在選擇不同物品時，我們就可以根據對應到色卡上的具體色標來分析它們之間的色彩關係，做出合理的取捨。

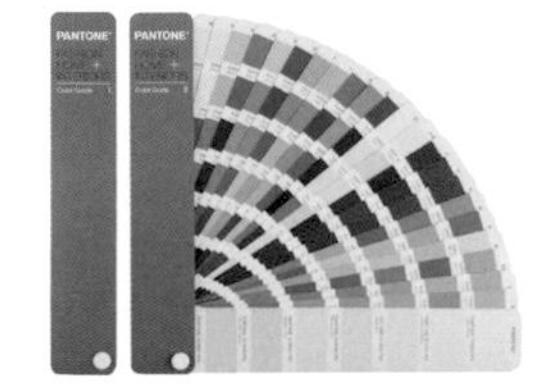

PANTONE色卡

利用軟體還原色彩

除了前面介紹的兩種方法以外，還可以透過Photoshop或Illustrator這類圖形圖像軟體來還原色彩。將與材料對應之後的色卡色標的資料登錄到軟體中，就可以在電腦上將這些色彩還原。但要注意的是，軟體還原的色彩會因為電腦顯示器的不同而存在一定的誤差。透過軟體來處理色彩，可以使配色更加專業。

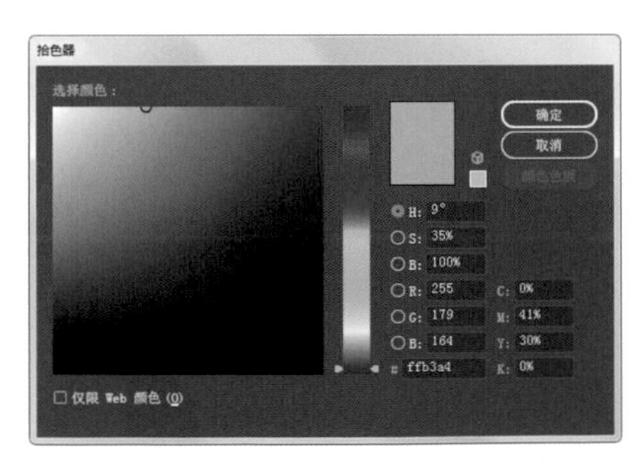

Photoshop中的檢色器

PART TWO

「色」眼識家

COLOR MATCHING

COLOR MATCHING

色彩的三要素

顏色具備色相、明度、純度（彩度）三個屬性，被稱為色彩的三要素。理解了這三個要素，就可以大致選擇出所需要的顏色。人們在觀察色彩時，首先識別出的是色相，其次是明度和純度。

PART TWO

色相——影響空間第一印象

色相是對色彩相貌的稱謂，如藍紫、靛青。色相是有彩色的首要特徵，用於區別各種不同的色彩。色相由原色、間色和複色構成。色相環就是以三原色爲基礎，將所有色彩按紅、橙、黃、綠、青、藍、紫的順序排列成環形，常見的有12色相環和24色相環。

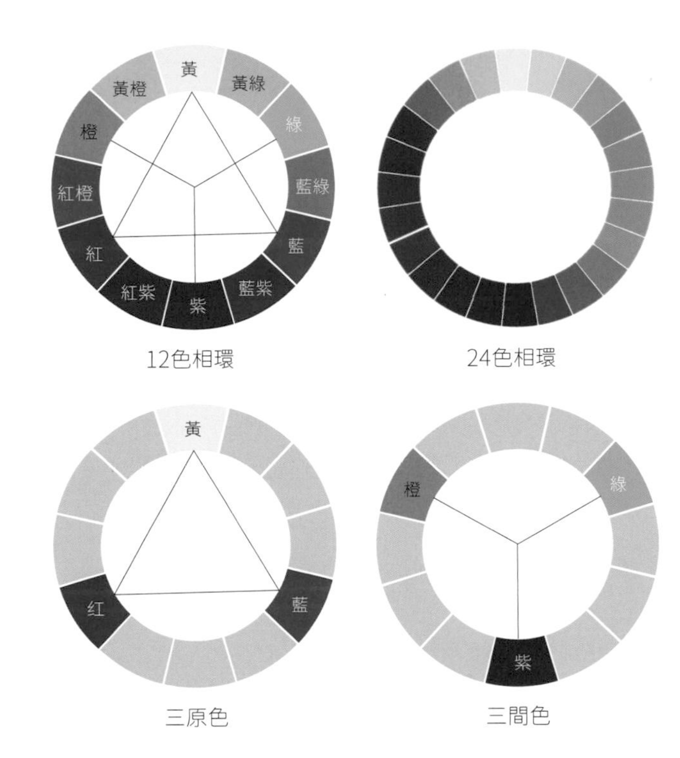

原色 原色有紅、黃、藍三色，一般稱作三原色。原色是不能透過其他色彩混合調配而得出的基本色。12色相環中三角形的三個角所指處即爲三原色所在位置。

間色 間色有橙、紫、綠三色，一般稱作三間色，也叫「第二次色」。間色是由相鄰的兩個原色等比例混合而成，如橙色由黃色和紅色組成，綠色由黃色和藍色組成。在色相環上，間色等距離分布於兩個原色之間。

複色 複色也被稱作次色或「第三次色」，複色由任意兩個間色或三個原色調配而成，調配的比例沒有限制，所以複色的色彩最豐富。複色包括了原色和間色以外的所有色彩。

常見色相的基本印象

黃色
興奮、柔和、活潑、明麗

橙色
溫暖、愉快、開放、有活力

紅色
熱情、喜慶、浪漫、熱烈

紫色
華麗、高貴、優雅、神祕

藍色
鎮靜、憂鬱、清爽、整潔

綠色
自然、寧靜、有生機、有希望

暖色調爲主的配色 原木色的桌子、櫃子和地板搭配白牆，烘托出安適、質樸的空間氛圍，再加入橙色和黃色，給人溫暖、充滿活力的感受。

冷色調爲主的配色 牆面色彩由藏青色和白色組成，確定了冷色主調；地毯和床都是灰白色搭配，房間整體配色充滿了男性特性和幹練、冷峻的氛圍。

色相的冷暖感受

所謂色彩的感受是指來自於色彩的物理光刺激對人的心理產生的直接影響。其中冷色、暖色是依據人們的心理錯覺，對色彩進行物理上的劃分。例如，當我們看到藍色、藍紫色時，會有寒冷的感受；看到紅色、橙色時，會有溫暖的感受。但這些感受並非來自物理上的眞實溫度，而是憑藉人們自身的視覺經驗和心理聯想產生的。

暖色包括紅、橙、黃等，冷色包括藍綠、藍、藍紫等。而綠色和紫色則屬於無冷暖傾向的中性色。

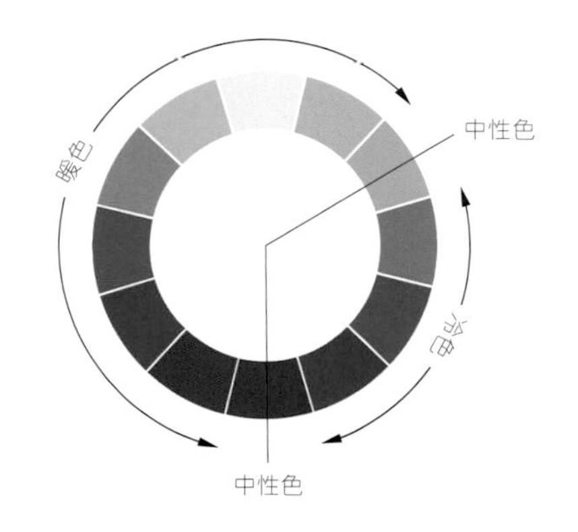

除此之外，冷色和暖色還可以帶給人們一些其他感受，如重量感和密度感等。暖色偏重，冷色比較輕盈；暖色乾燥，冷色濕潤；暖色給人密集、膨脹的感受，而冷色則比較稀薄；暖色的透明感不如冷色效果好。以上這些感受都偏向於物理感受，但卻並非是色彩眞實的物理特性，而是由人們聯想產生的主觀感受。學會靈活運用冷暖色彩的心理特性，將給我們的居室空間增光加彩。

明度——提升空間層次感

色彩明度是指色彩的亮度。顏色有深淺、明暗的變化。比如，深黃、中黃、淡黃、檸檬黃等黃顏色在明度上就不一樣，紫紅、深紅、玫瑰紅、大紅、朱紅、橘紅等紅顏色在亮度上也不盡相同。這些顏色在明暗、深淺上的不同變化，也就是色彩的又一重要特徵一明度變化。

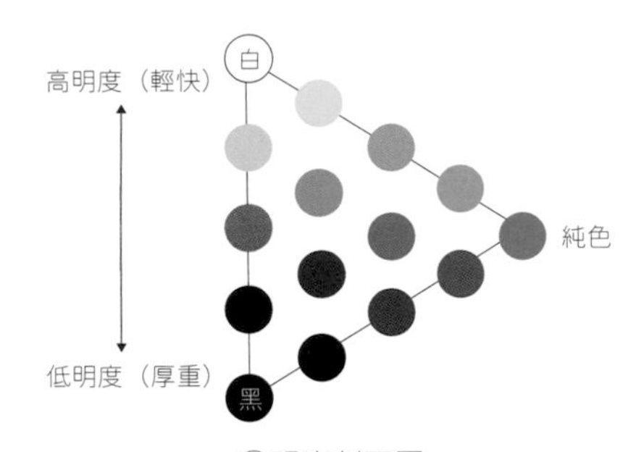

①明度剖面圖

各種有色物體由於反射光量的不同而產生不同的明暗強弱。色彩的明度有以下兩種情況，一是同一色相不同明度。如同一顏色在強光照射下顯得明亮，弱光照射下顯得較灰暗模糊；同一顏色加黑或加白摻和以後，也能產生各種不同的明暗層次。二是各種顏色的不同明度。每一種純色都有與其相應的明度。黃色明度最高，藍紫色明度最低，紅、綠色爲中間明度。

不同的色彩具有不同的明度，任何色彩都存在明暗變化。在有彩色中，明度最高的是黃色，明度最低的是紫色，紅、橙、藍、綠的明度相近，爲中間明度。

如圖③所示，在無彩色中，明度最高的是白色，明度最低的是黑色，中間存在一個從亮到暗的灰色系列。如圖②所示，要使色彩明度提高可加白，使色彩明度降低可加黑，也可與其他深色、淺色相混合，如黃色和紫色。

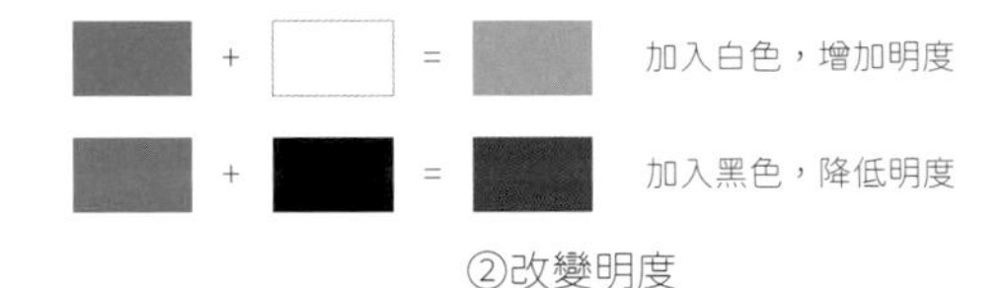

②改變明度

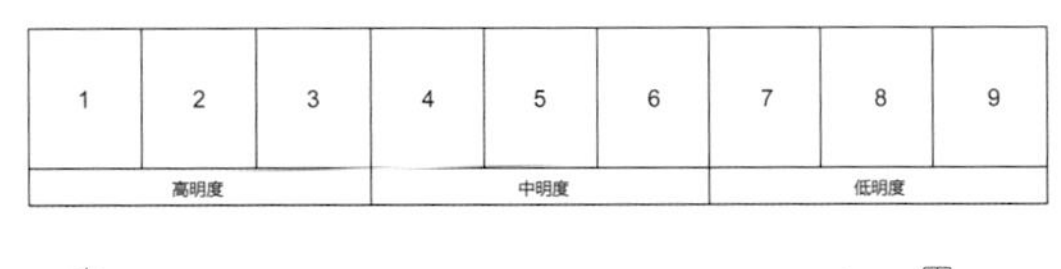

③明度條

明度的效果差異

如圖①所示，明度高的色彩，有輕快之感；明度低的色彩，有厚重之感。在一個色彩組合中，若色彩間的明度差異大，會顯得富有活力；若明度差異小，則能達到穩健、優雅的效果。

明度的效果　以明色爲主體，則明朗歡快；以暗色爲主體，則厚重沉著。

身爲對比色的藍色帶來清爽感

溫暖平穩的明亮顏色

高明度給人明亮清爽的感覺

雖然鮮豔，但暗色帶來厚重感

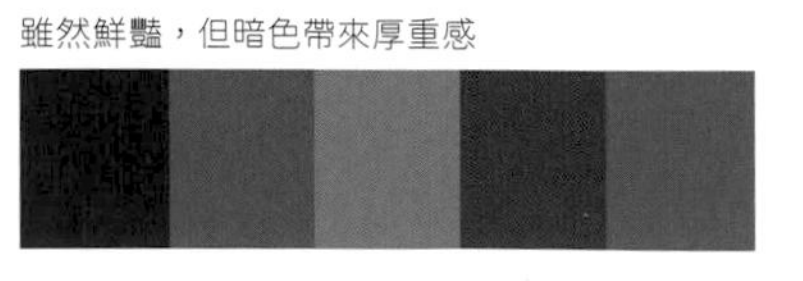

深紅色代表力量與活力

低明度給人以厚重沉著感

高明度

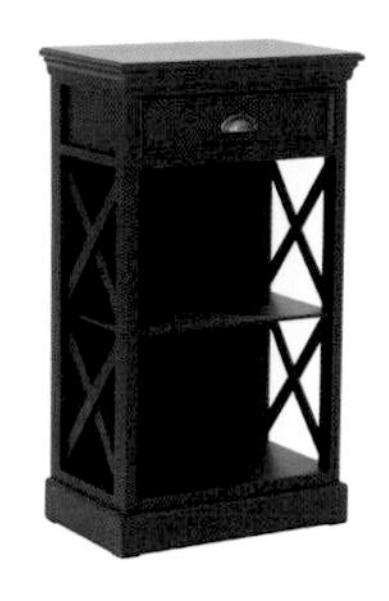

低明度

不同明度的印象 明度低的物品，給人厚重、沉穩的感覺，有格調感；明度高的物品，則顯得輕快、高雅，給人平和、舒適的感覺。

明度差異大的配色 背景與物體明度差異大的色彩組合，物體形象的清晰度高，有強烈的力量感，很容易被突顯出來，但卻失去了高雅感。

明度差異小的配色 背景與家具明度差異小，清晰感減弱，構成和諧、平和的氛圍，表現出高雅、優質、平穩的感覺。

明度差的大小

縮小明度差顯示高雅，增大明度差顯示活力。

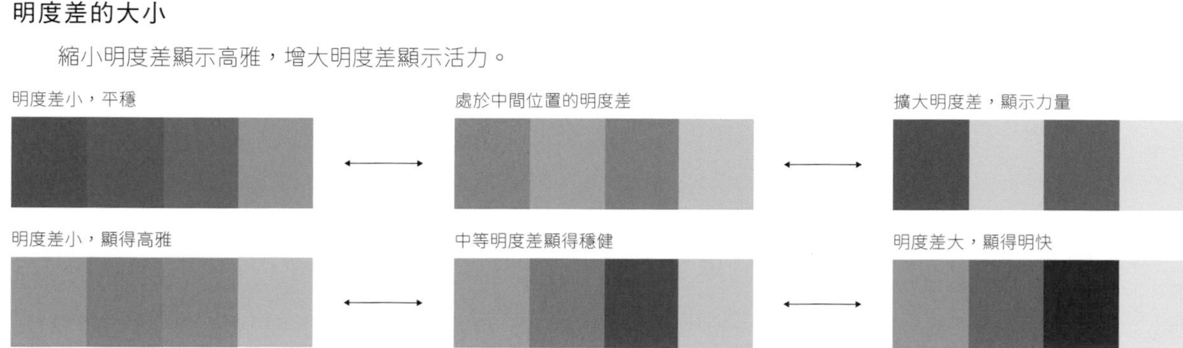

純度── 提高居室格調

純度是指色彩的飽和程度、色彩的鮮豔程度，也稱彩度。色彩的純度強弱，是指色相感覺明確或含糊、鮮豔或混濁的程度。從科學的角度看，一種顏色的鮮豔度取決於這一色相反射光的單一程度。如圖①所示，一般透過一個水平的直線純度色階表來確定一種色相的純度量的變化。飽和度愈高色彩就愈純愈豔，相反色彩純度就愈低，顏色也愈濁，其中紅、橙、黃、綠、藍、紫等基本色相的純度最高，無彩色的黑、白、灰的純度幾乎爲零。

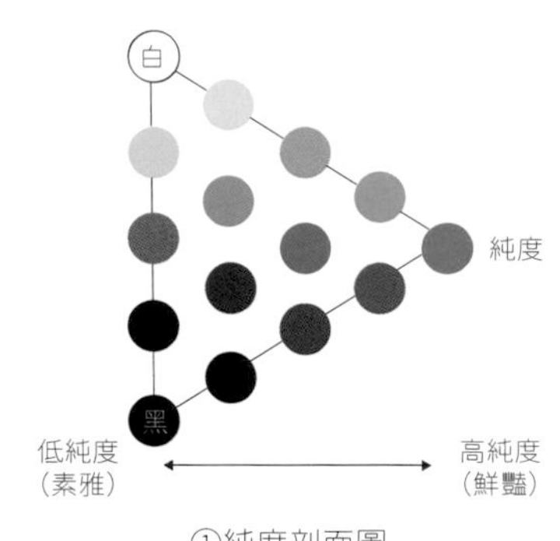

①純度剖面圖

如圖②所示，高純度色相混入白色，純度降低，明度提高；混入黑色，純度和明度同時降低；混入明度相同的中性灰時，純度降低，明度沒有改變。純度最高的爲紅色，黃色的純度也比較高，綠色的純度爲紅色的一半左右。

如圖③所示，當一種色彩加入黑、白、灰及其他色彩後，純度自然會降低。隨著純度的降低，色彩就會變得暗淡。純度降到最低就會變爲無彩色，也就是黑、白和灰。

相同色相不同明度的色彩，純度也不同。一個顏色的純度愈高並不等於明度就高，色相的純度與明度並不成正比。純度體現了色彩內向的品格。同一色相即使純度發生了細微變化，也會立即帶來色彩性格的變化。

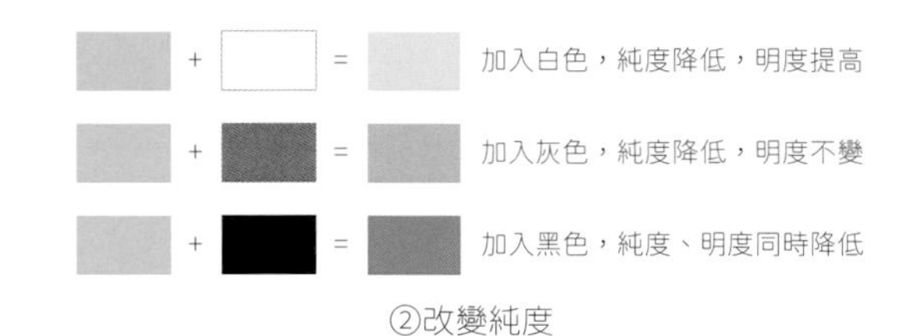

②改變純度

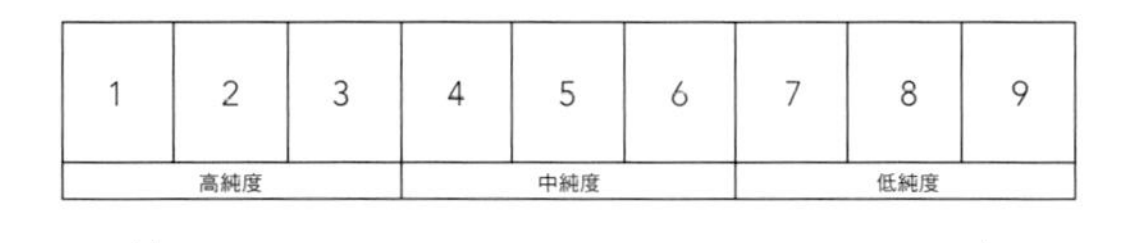

③純度條

純度的效果差異

純度高的色彩，有鮮豔之感；純度低的色彩，有素雅之感。在色彩組合中，如果純度差異大，可以達到豔麗、活潑的效果；如果純度差異小，則容易出現灰、粉、髒等感覺。

純度的效果　高純度鮮豔、活潑，低純度素雅、樸素。

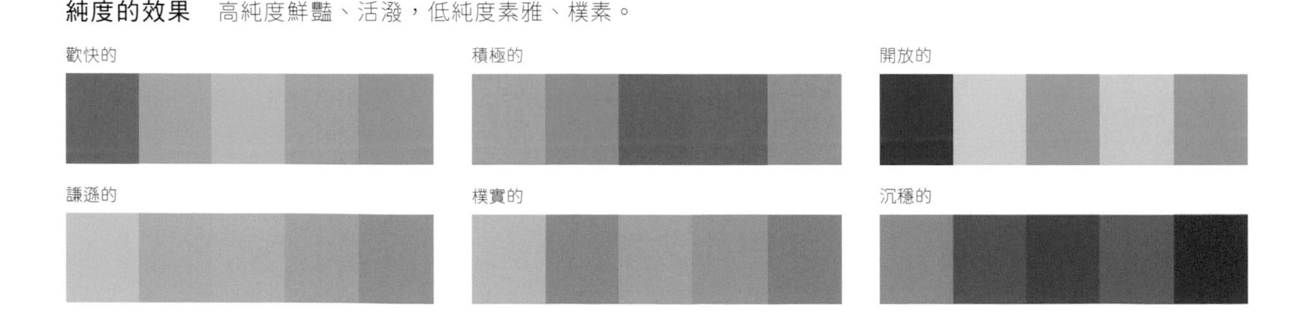

不同純度的印象 純度愈高，愈容易給人積極、醒目的感覺；而純度愈低，愈容易顯得沉著、高雅。

高純度的配色 純度高的色彩充滿活力和激情，可增加豔麗、豐富的感覺，並與低純度的背景形成對比，使整個空間顯得更有青春氣息。

低純度的配色 純度低的色彩具有低調、素雅的感覺，家具和背景整體也很和諧，營造了一個穩定、平實的空間氛圍。

改變純度差的效果

縮小純度差則平穩和諧，增大純度差則產生變化，富有張力。

純度差小，穩定但缺少變化 ⟷ 處於中間位置的純度差 ⟷ 擴大純度差，配色飽滿且充滿張力

純度差小 ⟷ 中等純度差 ⟷ 純度差大

COLOR MATCHING

扮演不同角色的家居色彩

家居中的色彩既包括牆面、天花板、地面、門窗的色彩，也包括家具、窗簾及各種裝飾物的色彩。而這些色彩就像小說、電影中的情節一樣，它們有著各自的身分角色。常見的色彩角色分為四種，即主角色、配角色、背景色、點綴色，理解好這四種色彩角色，可以更好地幫助我們搭配出更完美的空間色彩。

PART TWO

創造視覺焦點的主角色

在室內空間中主角色並不是占最大面積的色彩，而是指室內空間中主體物的色彩，主要是由大型家具或一些大型室內陳設、裝飾織物所形成的中等面積的色塊。搭配其他顏色時通常以主角色爲基礎。

主角色的選擇通常有兩種情況：要產生鮮明、生動的效果，則選擇與背景色或者配角色成對比的色彩；要整體協調、穩重，則應選擇與背景色、配角色相近的同相色或類似色。

主角色與背景色對比 床頭櫃和床的深藍色是主角色，與背景色米黃色形成鮮明對比，使整個空間呈現出有序的節奏感。

主角色與背景色融合 沙發的灰白色是主角色，與背景色色相相近，整個布局顯得協調、平穩。

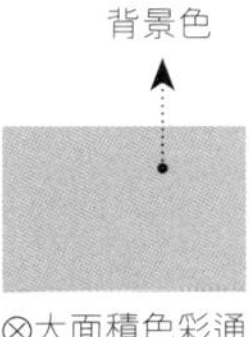

背景色

⊗大面積色彩通常是背景色

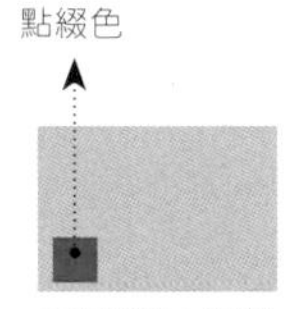

點綴色

⊗面積過小則爲點綴色

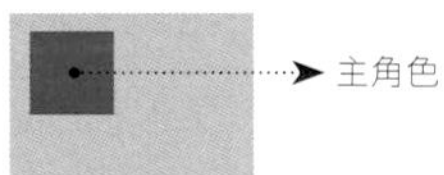

主角色

⊘主角色通常爲中等面積色塊

增加面積，烘托中心 在主角所在位置增加主角色的面積，以烘托中心。

主角色爲紅色

加大主角色的面積

主角色占主導位置

製造亮點 如果主角過暗，就需要製造一個亮點來抑制背景色，這樣才能達到預期的效果。

主角過暗，不穩定

增加一個亮點，但亮點面積過大

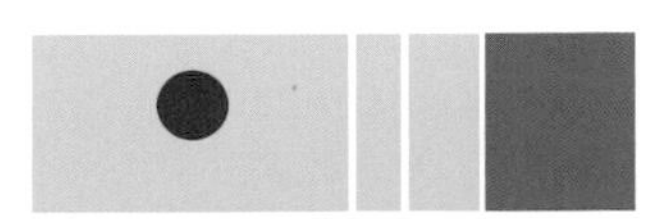

減小亮點色彩面積，成爲主角的點綴

起襯托作用的配角色

一套家具或者一組較大的室內陳設，通常是不只一種顏色的。這是因爲除了具有視覺中心作用的主角色之外，還有一類爲陪襯主角色或與主角色相呼應而產生的對比色，這類對比色常被稱爲配角色。應用配角色的物件通常是體積較小的家具，如沙發旁的茶几、短沙發，臥室的床頭櫃、床榻等。它們通常被安排在主角的旁邊或相關位置上，視覺重要性和體積僅次於主角，常用於陪襯主角，使主角更加突出。

配角色的存在，通常可以讓空間產生動感，充滿活力。配角色通常與主角色色相相反，保持一定的色彩差異，既能突顯主角色，又能豐富空間的視覺效果。配角色若與主角色臨近，則主角色會顯得鬆弛。

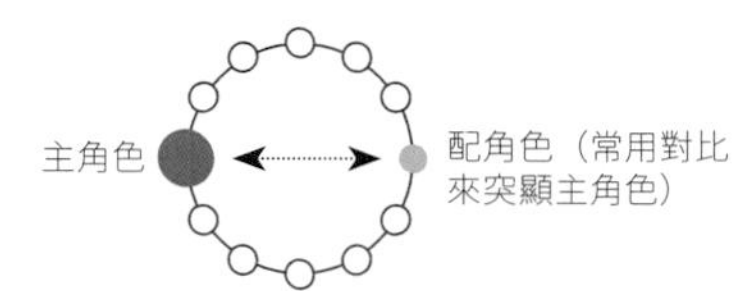

配角色與主角色搭配在一起，構成空間的「基本色」。

主角色與配角色類似 沙發的深黃綠色爲主角色，與配角茶几的棕黃色色相相鄰，色相差小，對比較弱，主角色顯得有些鬆弛。

主角色與配角色對比 配角色與主角色形成對比，加大了色相差，主角被更鮮明地突顯了出來，空間效果變得非常緊湊，視覺感受上更加生動。

對比色突出主角 按照色相環，找到與主角色相對的對比色進行搭配，可以使主角色更加鮮明突出。

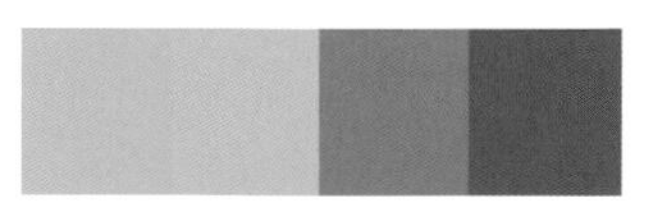

綠色作爲主角色搭配鄰近色藍色

提高兩者的色相差

紅色作爲對比色使綠色更加突出

抑制配角色的面積 配角色的面積過大，則會弱化關鍵的主角色，適當的小面積才會達到預期的效果。

配角色面積過大，壓過主角色

縮小配角色面積，突出主角色效果較好

直接增大主角色面積的效果最佳

決定整體感覺的背景色

背景色也被稱爲「支配色」，是室內空間中占據最大面積的色彩，是決定空間整體配色印象的重要角色，如牆面、地板、天花板、門窗以及地毯等大面積的介面色彩等。因爲面積最大，所以引領了整個空間的基本格調和色彩印象。

同一空間中的同一組家具，如果背景色不同，帶給人的感覺也截然不同。例如同樣白色的家具，搭配藍色的背景則顯得清爽，搭配紅色背景則顯得熱烈。背景色由於其絕對的面積優勢，實際上支配著整個空間的效果。因而以牆面色爲代表的背景色，往往是家居配色最引人注目的地方。

在所有的空間背景色中，以牆面的顏色對效果的影響最大，因此，改變牆面色彩是最直接的色彩改變方式。大多數情況下，家居空間中背景色多爲柔和的淡雅色調，形成易於協調的背景，給人舒適感。如果想要追求活躍、熱烈的感覺，則可以選擇鮮豔、華麗、濃郁的背景色。

弱色背景突顯柔和 明亮的淡藍色作爲背景色，營造了一種柔和、安定的氛圍，整個空間給人平和、安適的感覺。

強色背景呈現熱烈 將淡藍色換成天藍色，純度變高，整個空間的氛圍頓時顯得濃烈，給人活躍、熱烈的感覺。

小面積也可以有支配作用 背景色即使面積不大，只要包圍主體，就能成爲成功的支配色，左右整體空間效果。

大面積當然支配全體

即使是小面積，也能支配全體

支配作用的有無與色彩強弱無關 背景色的支配作用與色彩強弱關係不大。只是灰暗顏色使整體感覺變暗，強烈顏色增強整體效果。

強色自然支配全體

弱色同樣支配全體

能夠畫龍點睛的點綴色

點綴色是指室內空間中體積小、易於變化、可移動的物體顏色，如燈具、織物、植物花卉、裝飾品和其他軟裝飾的顏色。

點綴色通常是一個空間中的點睛之筆，用來打破單調的配色效果，因此點綴色與背景色的色彩要是過於接近，就不會產生理想效果。點綴色通常選擇與所依靠的主體具有對比效果且較為鮮豔的色彩，來營造出生動的空間氛圍。在少數情況下，為了特別營造低調柔和的整體氛圍，追求穩定感，點綴色也可以選用與背景色接近的色彩。

對於點綴色而言，它的背景色就是它所依靠的主體，因此在不同的空間位置上，主角色、配角色、背景色都可能是它的背景。

⊗大面積鮮豔的色彩不突顯主體

⊗小面積的不顯眼的顏色

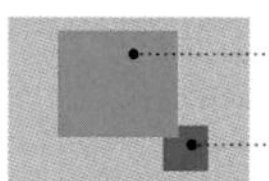
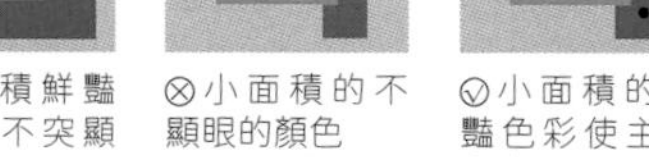

⊘小面積的鮮豔色彩使主體突出

點綴色過於暗淡 出現在居室中桌子、抱枕、茶几桌腳上的點綴色，純度過低，和整體色彩缺乏對比，配色效果顯得單調、乏味。

點綴色變得鮮豔 將這些點綴色的純度一一提高，雖然色彩面積不大，但有很強的表現力，整體配色效果變得生動。

面積愈小，效果愈好 色彩愈強，面積應愈小；衝突感愈強，配色的張力愈大。

純紅色面積過大，起不到點綴突出的效果

縮小面積，使主體突出

對比色、高純度效果好 同系色、淡色調效果微弱。

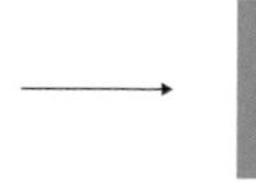

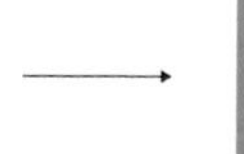

同系色，因此強調效果微弱

淡淡的對比色

鮮豔的對比色才能起到強調效果

「主、副、點」與四角色

從「四角色」的角度來分析空間的配色，是以每一個物體在空間配色中的角色主次關係來區分的。主角色通常是占據主體地位的家具或者大型陳設，配角色通常是占據次要位置、體積較小的家具，背景色通常是空間中占據最大面積的介面色彩，而點綴色則是空間中的一個點睛之筆。

右圖中，占據空間視覺焦點的是沙發，因此主角色是深灰綠；配角色是茶几的褐色和壁爐的灰白色；背景色則包括淺褐色的地板、淺黃色的牆面以及灰綠色的地毯；花卉的白色、綠色，檯燈的米黃色以及陳設品的棕色則是點綴色。

角度一 「四角色」是以空間配色的角色關係來區分的。

點綴色（色組）：綠植　檯燈　飾品
背景色（色組）：地板　背景牆　地毯
配角色（色組）：茶几　其他家具
主角色：沙發

角度二 「主、副、點」則是從空間配色的面積關係來區分的。

主色（色系）：背景牆　地板
副色（色組）：茶几　沙發
點綴色（色組）：綠植　檯燈　飾品

從空間內色彩的面積大小來分析配色，可分爲「主色、副色、點綴色」三類。面積最大、色彩影響力最強的稱爲主色，通常是某一個色系；占據中等面積，影響力稍弱的稱爲副色，通常是色組。點綴色的定義則和「四角色」中的點綴色相同。

左圖中，背景牆以及地板是空間內色彩面積最大的，因此主色爲淺黃色和淺褐色；沙發和茶几占據次要面積，副色則爲深灰綠和褐色；點綴色則和上面的分析一致。

「四角色」與「主、副、點」的區別在哪裡？

「四角色」的分類是以色彩的「空間身分」來區分的，可分爲主角色、配角色、背景色和點綴色。

在分析家居配色時，我們除了從「四角色」查看空間配色外，還可以從空間內色彩面積的角度來作另一種思考。空間中占據最大面積突顯絕對優勢的色彩，可稱爲「主色」，「主色」和「主角色」是有本質區別的。主色是面積最大的顏色，而主角色則是占據視覺中心位置的色彩，兩者並不一定對等。

「主、副、點」是從色彩面積的角度來劃分，將居室內的色彩分爲「主色」、「副色」、「點綴色」。

結合前面的知識我們可以明確「四角色」是直接針對於各類物品，適合在實際配色活動中運用。而「主、副、點」是從面積上劃分顏色，適合從整體上對「色彩搭配的印象」進行分析與掌控。

兩種分類法各有所長，在不同情況下我們可以根據實際的需要選擇合適的角度。但若是將兩種分類綜合起來，便能完整地掌握運用空間色彩的方法。

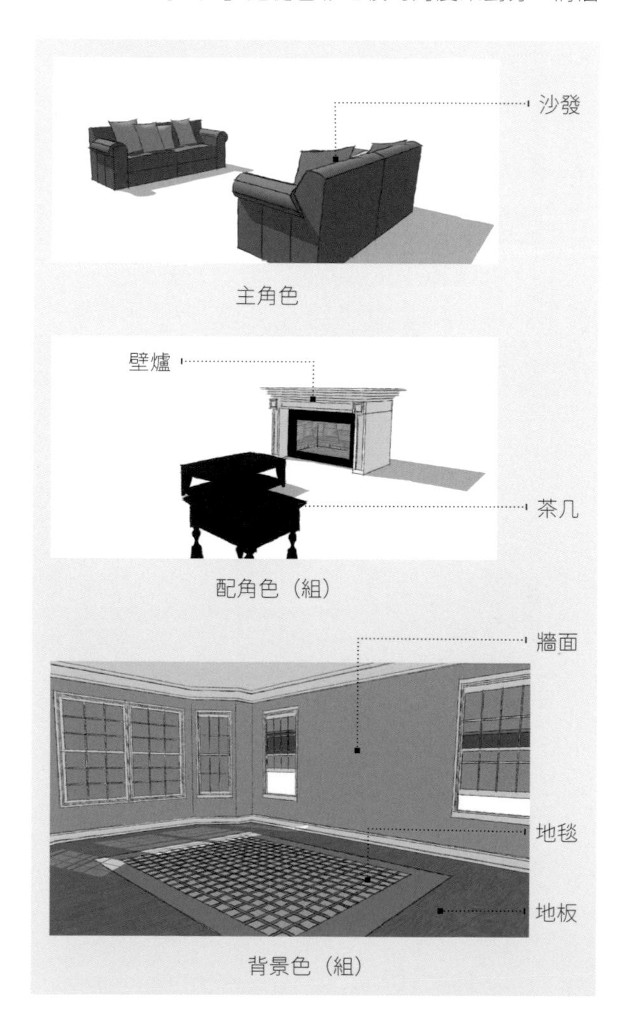

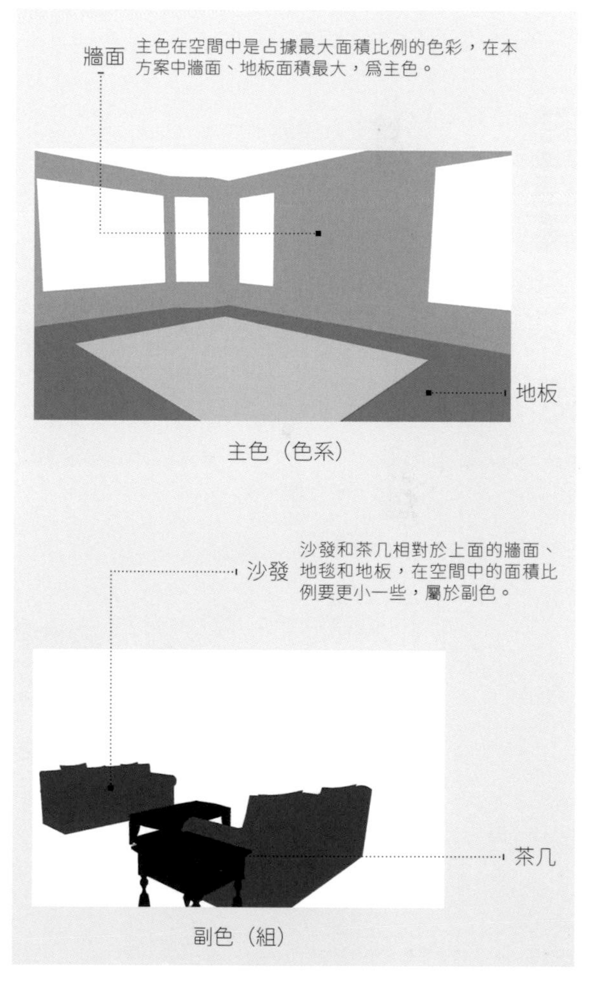

支配居室風格的色相型

在居室中只採用單一色相配色的情況很少，通常還會加入其他色相進行組合，才能更有力地傳達情感和營造氛圍。

柔和的同相型、類似型

在配色時完全選擇統一色相的配色方式稱爲同相型，用相鄰的色彩配色的方式稱爲類似型。

同相型限定在同一色相內配色，具有強烈的執著感和閉鎖感，這種色彩搭配的方式樸素單純，大多用於寧靜、高雅的空間。

類似型與同相型相比色相幅度有所擴張，以色相環爲基準，如果將全色相分爲24等份，大概4份左右就是類似型的標準。在同樣的冷色系或暖色系範圍內，8份的差距也可以算爲類似型。類似型配色可體現自然穩定的感覺。

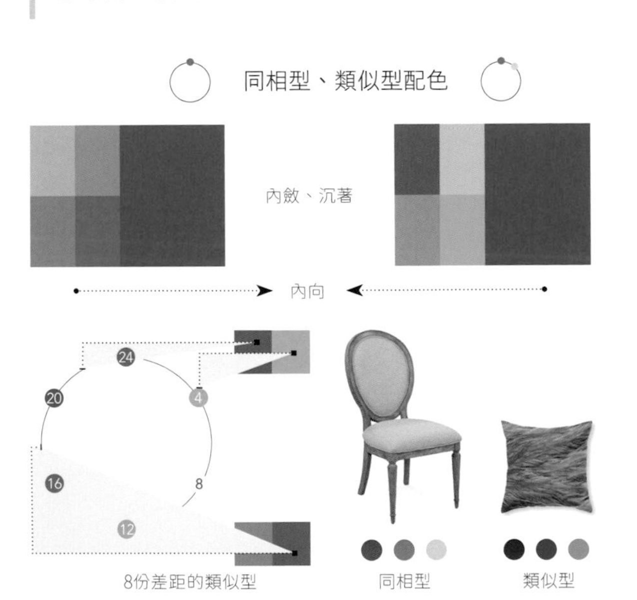

同相型執著、穩定 抱枕、窗簾和背景牆都以粉色爲主，整體體現出很強的執著感和人工感。

類似型自然、舒適 與同相型的極端內向相比，更加自然、舒展。

色相型對配色印象有重大影響

要體現內斂執著的感覺，使用相近的配色

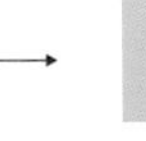

更換顏色，增加色彩對比感

加入對比色，色彩立即變得開放起來

動感的對決型、準對決型

對決型是指在色相環上處於180°相對位置上的色相組合，有很強的力量感，強調對立感。而接近180°的組合就是準對決型，比對決型稍爲穩定。這兩種配色方式色相差大、對比度高，具有強烈的視覺衝擊，可給人留下深刻的印象。

在居室空間配色中，使用對決型配色可以營造出健康、強力、華麗的氛圍。在接近純色調狀態下的對決型，可以展現出充滿刺激性的豔麗色彩印象。準對決型的對比效果較之對決型要緩和一些。準對決型能使緊張度降低，兼具對立感與平衡感。

在家居配色中，爲追求鮮明、活躍的生動氛圍，可採用對決型配色。但通常家居中採用準對決型配色，使整個居室空間色彩效果更爲溫和。

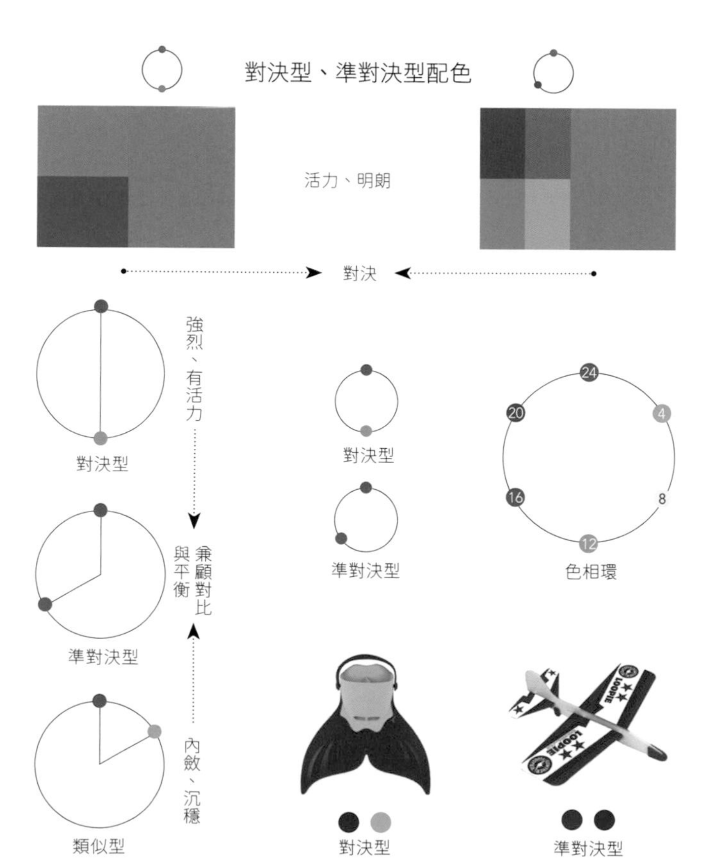

對決型有強烈對比感 橙色的燈和畫與深藍色的沙發以及淡藍色的牆面形成的對決型配色，給人舒暢、有活力的感覺。

準對決型兼具對比、平衡 黃色的小沙發與淡藍色的長沙發形成準對決型配色，使緊張度降低，緊湊與平衡感共存。

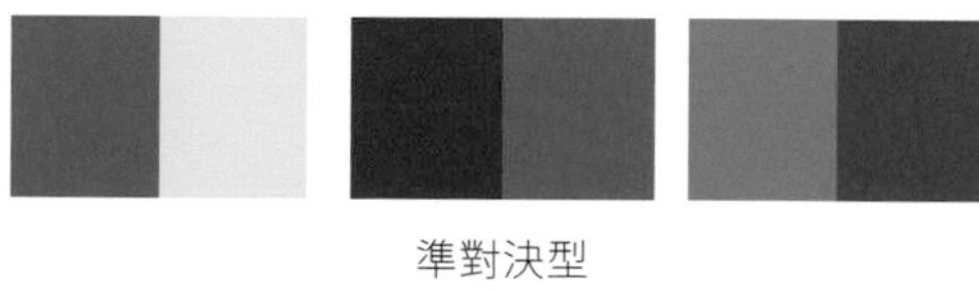

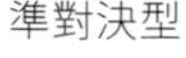

準對決型

對決型

均衡的三角型、四角型

三角型配色是指在色相環上處於三角形位置的顏色的配色方式，最具代表的就是三原色，即紅、黃、藍，這種組合具有強烈的視覺衝擊力和動感。三角型配色視覺效果更爲平衡，不會有偏移感。

三角型是處於對決型和全相型之間的配色類型，所以兼具了兩者之長，引人注目的同時又具有溫和、親切的感覺。

將兩組對決型或者準對決型交叉組合之後形成的配色型就是四角型，在醒目安定的同時又具有緊湊感。一組補色對比產生緊湊感，在此基礎上附加一組，因此四角型是衝擊力最強的配色型。

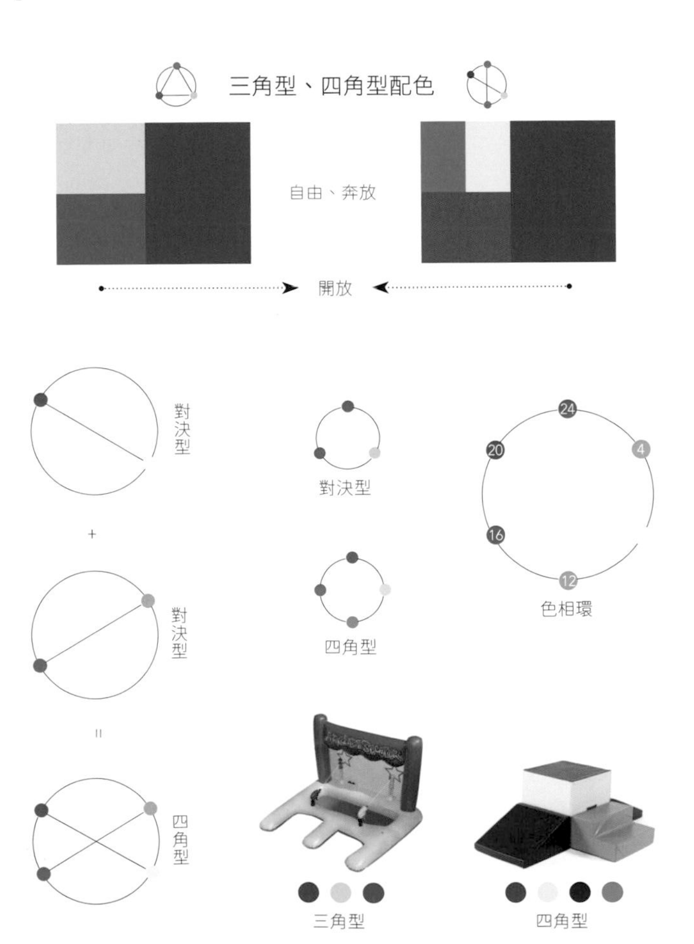

兼具動感與平衡的三角型配色 紅、黃、藍是經典的三角型配色，整體具有動感的同時又有均衡的感覺，顯得自由、開放。

衝擊力最強的四角型配色 紅色與淺綠色、藍色與橙色這兩組對決型配色交叉組合，在充滿力度的同時又具有安定感和緊湊感。

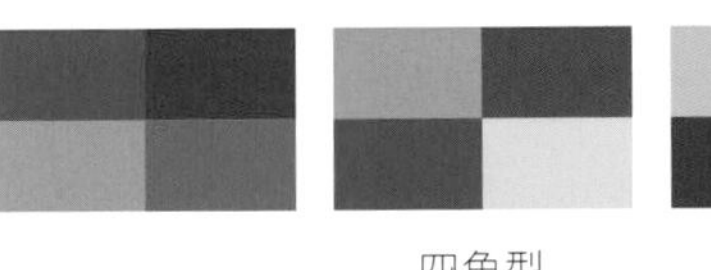

四角型

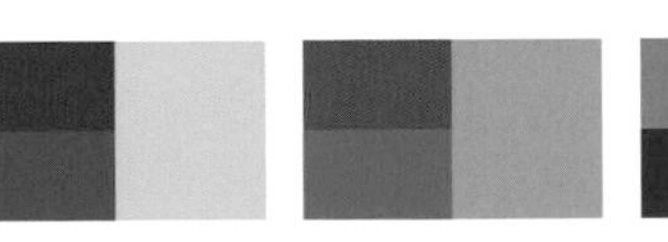

三角型

自由的全相型

全相型是指沒有偏向性地使用全部色相進行搭配的方式，它是所有配色方式中最爲開放、華麗的一種。使用的色彩愈多就愈自由、喜慶，愈具有節日的氣氛，通常使用的色彩數量有五種就會被認爲是全相型。

因爲全相型配色涵蓋的色彩範圍比較廣泛，所以達成了一種類似自然界中五彩繽紛的視覺效果，充滿活力和節日氣氛，常出現在配飾上以及兒童房。

在進行全相型配色時，要注意儘量使色彩在色環上的位置沒有偏斜，至少保留5種色相，如果偏斜太多，就會變成對決型或類似型。

對於全相型而言，它的開放感和活躍感並不會因爲顏色的色調而消失，即使是濁色調的，或是與黑色組合在一起，也不會失去開放和熱烈感。

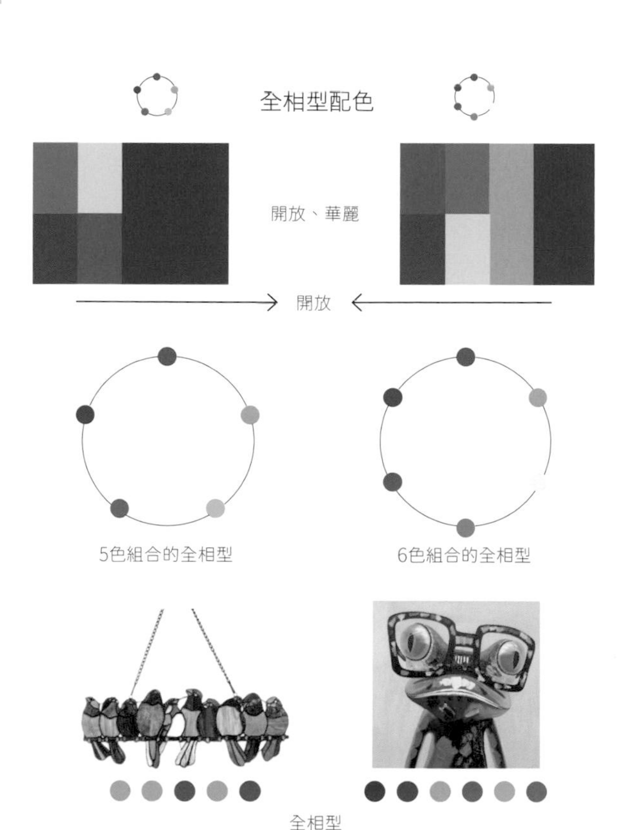

全相型自由無拘束 全相型的色彩自由排列，使用多種色相後產生自然開放的感覺，表現出喧鬧、熱烈的印象。

類似型寧靜內斂 將全相型的色彩換成類似型之後，色相差異變小，體現出寧靜、內斂的感覺，之前的熱烈、喧鬧感也隨之消失。

全相型是最開放的色彩組合形式

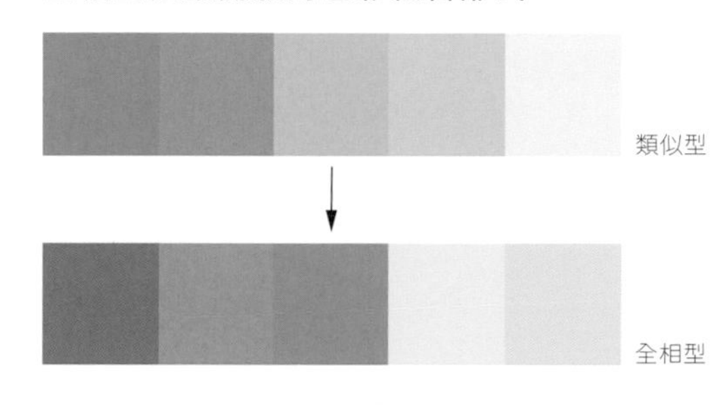

優化居室氛圍的色調型

不同的顏色給人以不同的感覺，科學合理地對居室進行布置和裝飾，可使居室色調達到和諧統一。認識瞭解居室中的色調能夠營造出不同的空間氣氛和生活情調，可以增強對生活的熱愛，提高生活的審美品位。

色調的定義

色調是指色彩的濃淡、強弱程度，由明度和純度數值交叉而成。色立體的縱剖面便是色彩的色調圖。常見的色調有鮮豔的純色調、接近白色的淡色調、接近黑色的暗色調等。

色調是影響配色效果的首要因素。色彩的印象和感覺很多情況下都是由色調決定的。

即使色相不統一，只要色調一致的話，畫面也能展現出統一的配色效果。同樣色調的顏色組織在一起，就能產生出共通的色彩印象。

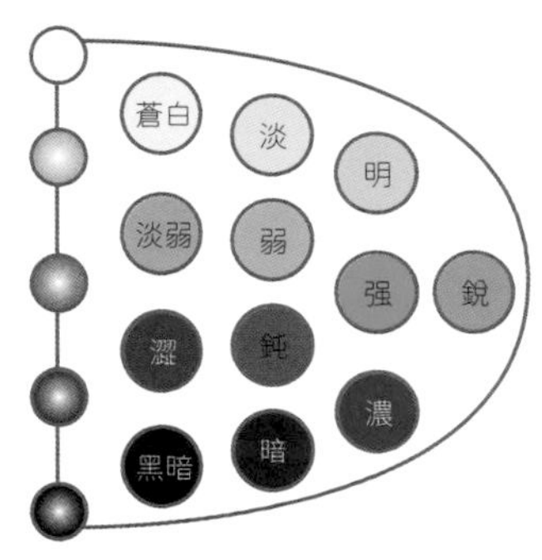

12色調細分圖

多色調的組合

在一個空間中如果只採用一種色調的色彩，肯定讓人有單調乏味的感覺。而且單一色調的配色方式也極大地限制了配色的豐富性。

通常空間主色是某一色調，副色則是另一色調，而點綴色則通常採用鮮豔強烈的純色調或強色調，這樣構成了非常自然、豐富的感覺。

根據各種情感印象來塑造不同的空間氛圍，則需要多種色調的配合。每種色調有自己的特徵和優點，將這些有魅力的色調準確地整合在一起，就能傳達出你想要的配色印象。

兩種色調搭配 在純色健康、熱烈的感覺中，加入了優雅的淡色調，抵消了純色調刺激、低檔的感覺。

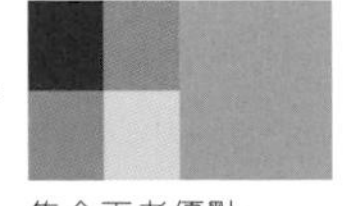

純色
健康但刺激
+
淡色
優雅但寡淡
=
集合兩者優點

多色調組合表現複雜、微妙的感覺

暗、明、明濁三種色調搭配 明濁色調和明色調的加入，弱化了暗色調厚重、沉悶的感覺。

暗色
樸實但沉悶

+

明色
明快但膚淺

+

明濁色
柔和但軟弱

=

集合三者優點

暗、明、淡三種色調搭配 厚重執著的暗色調，加入了淡色調和明色調之後，不僅豐富了明度層次，而且抵消了壓抑感。

暗色
強力但壓抑

+

明色
輕快但單調

+

淡色
優雅但膚淺

=

集合三者優點

選出你喜歡的色調

前面曾講到，色調是影響配色視覺效果的決定因素，因此在配色時必須充分重視。不同的色調所傳達出的情感也是有差別的，因此，針對不同的受衆選擇合適的色調顯得尤其重要。

要對有彩色色調進行概括性分類時，大致可以分爲純色調、微濁色調、明色調、淡色調、明濁色調、暗濁色調、濃色調、暗色調這8類。但如果要更加細緻地瞭解色調區域的微妙變化，則12色調分區更加系統、完善。12種色調分區的方法和名稱都經常被使用，我們可以根據自己的需要選擇合適的色調。

淡弱

內涵、高雅、穩重、雅致、女性化、舒暢、消極

銳

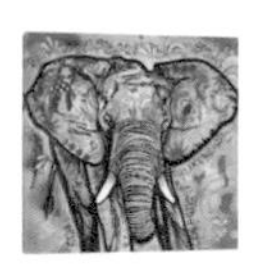

健康、鮮明、有活力、醒目、熱情、豔麗、粗俗

弱

朦朧、雅致、溫和、高雅、甘甜、和藹、柔弱

濃

充實、有用、高級、成熟、濃重、老氣、威嚴

強

活潑、熱情、強力、動感、年輕、開朗、幽默

暗

樸實、堅實、成熟、安穩、傳統、執著、古舊

蒼白

浪漫、透明、輕柔、簡潔、乾淨、寂寥、冷淡

澀

優雅、高檔、穩重、成熟、樸素、古樸、保守

黑暗

厚重、高級、有分量、可靠、古樸、莊嚴、陰暗

淡

高檔、纖細、柔軟、嬰兒向、純真、清淡、柔弱

明

清爽、快樂、純淨、平和、舒適、清亮、膚淺

鈍

穩重、高檔、田園風、成熟、莊嚴、混濁、沉重

COLOR MATCHING

不同色彩房間的心理效應

色彩運用是室內設計中十分重要的組成部分，在設計空間時，熟悉瞭解每一種顏色的特性，以及對人生理和心理的影響，可以在一定程度上幫助我們改善空間效果，準確地支配顏色。

PART TWO

紅色

紅色是富有動感的顏色，它可以激發我們身體的活力。紅色對情感的刺激比任何一種顏色都要強烈，可使人感到溫暖和安全，容易引起興奮、激動、緊張等情緒。紅色有助於激發進取心、力量與勇氣，在疲勞或憂鬱時，貼近紅色有利於消除消極情緒。

相反，紅色還可以誘發憤怒、慾望和衝動，如果在神經敏感或急躁時周圍大量使用了紅色，這時的紅色就是一種帶有攻擊性的色彩。在現代裝飾中，由於使用紅色顯得過於強烈，所以紅色常被用作點綴色。

藍色

藍色象徵著真實，它潔淨而清爽，能與許多顏色形成和諧的配色。藍色可以消除由生活壓力所導致的緊張情緒，促進平靜而有條理的思考。

藍色可以為空間渲染一種安靜平和的氣氛，適於營造正式、嚴肅的氛圍。由於藍色屬於後退色，因此若在室內使用，會使空間顯得更加寬敞，並烘托出安靜閒適的氛圍，藍色沒有溫暖的感覺。同時，對於要求舒適感的室內裝飾而言，藍色是十分理想的顏色，明亮的藍色可以給人涼爽清新之感。

黃色

黃色是所有色彩中純度和明度最高的顏色，它具有輕盈、明亮、大膽、外向的性格，象徵完整的靈魂，是代表陽光、快樂、年輕和喜悅的顏色。

黃色有很高的注目性，可以給人親近感，可以在短時間內吸引人的興趣。如果在具有創造性或者宣傳銷售產品的行業中使用，有利於引起人們的強烈關注。

在室內裝飾中，如果使用黃色牆紙，則即使房間沒有陽光照射，也可以展現出明亮舒適的氛圍。

綠色

綠色是自然的顏色，是生命和撫慰的象徵，爲我們帶來平靜安定的感受。在現代，綠色逐漸成爲環境與自然主義的代名詞。綠色還能夠使人以和諧的眼光觀察事物，在綠色的影響下，人們不僅能均衡地看到問題的兩面性，還能同時表達積極與消極的情感。

綠色可以渲染房間的氛圍，讓房間中的人變得安靜平和。因此，如果在書房或者辦公室等需要集中精力的場所使用綠色，會起到非常好的作用。

橙色

橙色是紅色與黃色的混合色，它綜合了兩種顏色的特點，兼有活潑、華麗、外向和開放的性格。

橙色通常可以渲染浪漫的氛圍，使人聯想起明媚的陽光、熱帶的水果和異域的花卉，給人以舒適和放鬆之感。

如果在居住空間中應用橙色與明亮的藍色、黃色與紫色的色彩組合，可營造出極其現代的氛圍。這種空間能使人感到適當的動感，適用於年輕人共同生活的房間。但是，橙色的純度會因爲面積的增大而變得極高，因此，強烈鮮豔的橙色適於充當點綴色。

紫色

紫色是非知覺的顏色，神祕、給人印象深刻，有時給人以壓迫感。紫色是精神與感情、靈性與肉體和諧的象徵。紫色是神聖高貴的顏色，可以給人溫暖的鼓勵，可以使人產生高度的自信心。紫色代表了女性的溫柔、品位與優雅。如果大面積使用紫色，也會引發憂鬱的情緒，這是因爲紫色的能量過於強烈，可以在周圍適當點綴金色或橙色系。

紫色在色相環中位於冷色和暖色之間，由於構成紫色的藍色和紅色能量相當，因此紫色既是冷色，也是暖色。若藍色的成分多，則顯得涼爽；若紅色的成分多，則顯得溫暖。

黑色

黑色在生活中具有千差萬別的象徵意義，在心理角度上，黑色象徵著防禦；在時尚界，黑色象徵著冷靜與洗練的風度；在汽車與現代室內裝飾中，黑色象徵著高雅與奢華。

除此之外，黑色的絕大多數意象都是消極否定的，這是因爲黑色代表了黑暗與對未知世界的恐懼，可以使人聯想到死亡與葬禮。

從單純的裝飾角度來看，由於黑色能夠吸收所有的光，因此可以渲染黑暗的氛圍。在現代室內裝飾中，黑色給人乾脆俐落的感覺，體現品位、質感，搭配灰色、銀色等其他顏色，可以同時突顯柔和的感覺。

白色

白色象徵崇高的奉獻，給人以神聖、和平、希望和可信賴的感受，這是因爲白色中不含有威脅與刺激的因素，同時它具有嶄新、乾淨和容納一切變化的特徵。因此，白色非常適合醫生、科技工作者、諮詢師以及服務業等相關人物使用。在東方白色也具有一些消極的象徵意義，在日常生活中，如果某人面無血色，臉色蒼白，則會使人感到此人健康較差，或給人疲乏無力、沒有熱情的印象。

在現代裝飾中，白色通常象徵著簡約、乾淨等意象，被廣泛應用於室內設計中。

灰色

灰色是黑色和白色的混合色，它居於黑白、陰陽之間。灰色能夠使人聯想起腦中的灰質，因而帶有智慧、智力等積極意義的象徵。但灰色也能使人聯想到災害與事故的餘波、灰塵與蜘蛛網等，因而也用來表示不整潔、事故或混亂、明確或不肯定等意象。

灰色通常給人淒涼陰暗的感覺，使人聯想起灰濁的城市、灰色天空、工業化、不清晰等意象，常被看作是沒有主張的顏色。同樣作爲無彩色，灰色深受人們喜愛，常被應用於服裝設計、室內設計和包裝設計等領域中。

金屬色

金屬色在適當的角度時反光敏銳，它們的亮度很高；如果角度一變，又會感到亮度很低。其中，金、銀等屬於貴重金屬的顏色，容易給人以輝煌、高級、珍貴、華麗、活躍的印象。電木、塑膠、有機玻璃、電化鋁等是近代工業技術的產物，容易給人以時髦、講究、現代的印象。但金屬色也會有消極的一面，大面積使用會給人貪婪、俗氣的感覺。

總之，金屬色屬於裝飾功能與實用功能都特別強的色彩。

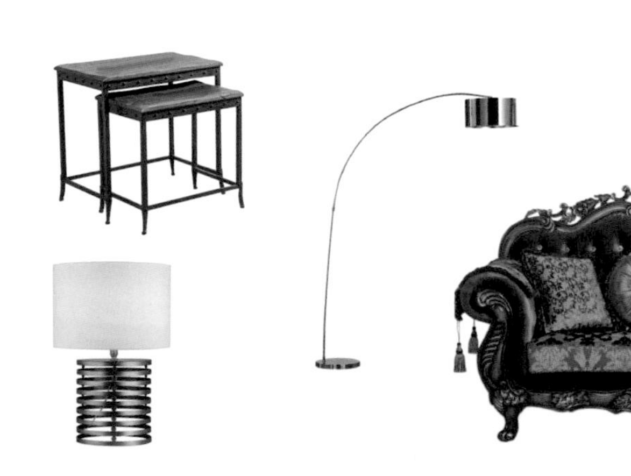

PART THREE

裝修前必讀！色彩與居室環境的關係

COLOR MATCHING

利用色彩屬性使空間寬敞或緊湊

哪怕僅僅改變房間的窗簾或一面牆的色彩，都能影響空間的大小、高矮感受，如何利用色彩屬性給房間格局帶來變化呢？

色彩與空間比例

裝修新房就像在一張白紙上作畫，我們可以選擇任意色彩和風格，不過「紙張」的大小、形狀往往也會對我們的作品造成限制。同理，不同的居室也會存在一些「紙張」上的問題，例如：戶型、房間面積、層高等，合理利用色彩屬性可有效改善這些問題。

色彩中，有的色彩可以使空間緊湊，有的可以增加空曠感，稱爲膨脹色和收縮色；有的色彩可以減小或增大牆距，稱爲前進色和後退色；有的色彩可以調整空間的重量感，稱爲重色和輕色。

開闊、寬敞的空間感 臥室整體色調明亮，純度較高的冷色與米黃色的牆面給人清爽、溫馨的效果。

緊湊、豐滿的空間感 餐廳使用大面積暖色，色彩濃郁，給人溫暖、緊湊的感覺。

膨脹色與收縮色

暖色相、高明度、高純度的色彩都是膨脹色，冷色相、低明度、低純度的色彩則是收縮色。比較寬敞的居室空間爲了避免產生荒涼感，可以採用膨脹色，使空間看起來更豐滿緊湊一些，而狹小的居室則可以採用收縮色，增加空間的寬敞感。

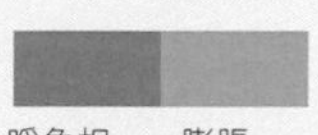

暖色相——膨脹

高明度——膨脹

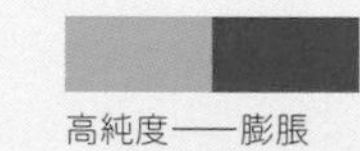

高純度——膨脹

冷色相——收縮

低明度——收縮

低純度——收縮

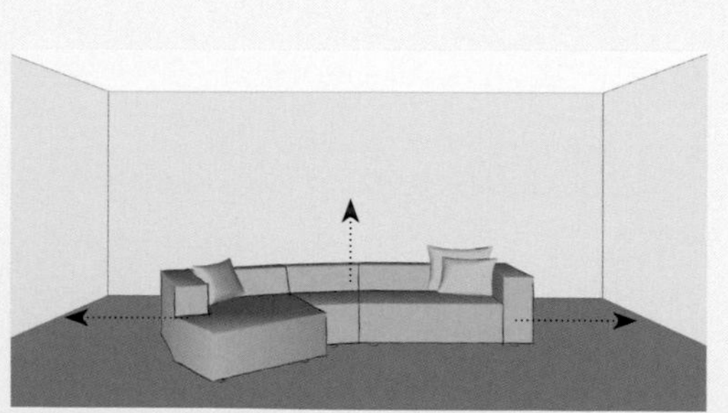

房間寬敞時，使用膨脹色家具、陳設可使房間顯得豐滿不空曠。

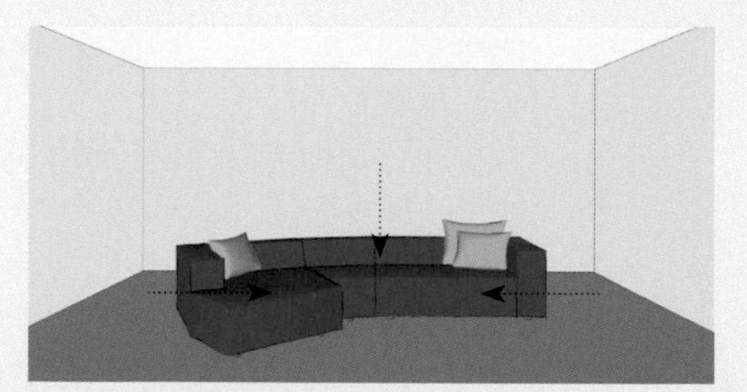

房間狹窄時，家具、陳設採用收縮色，增加空間寬敞感。

前進色和後退色

暖色相、低明度、高純度的色彩爲前進色，冷色相、高明度、低純度的色彩則爲後退色。空曠或狹長的居室可以用前進色噴塗牆面，縮小距離感，反之則用後退色。

暖色相——前進

低明度——前進

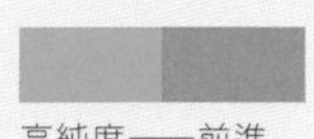
高純度——前進

冷色相——後退

高明度——後退

低純度——後退

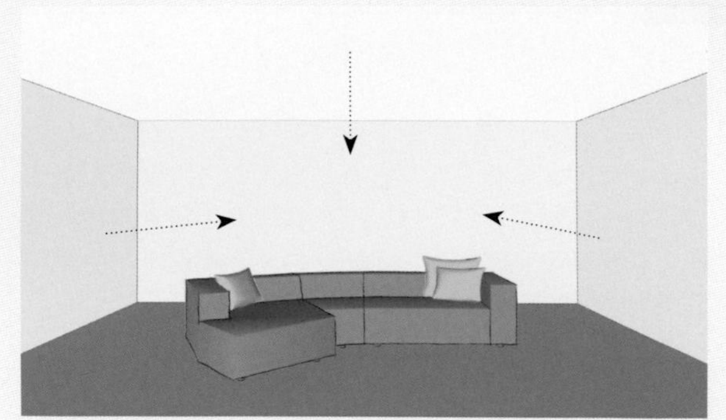
遠處的牆面使用後退色，在視覺感受上增加了房間的進深，使空間寬敞、開闊。

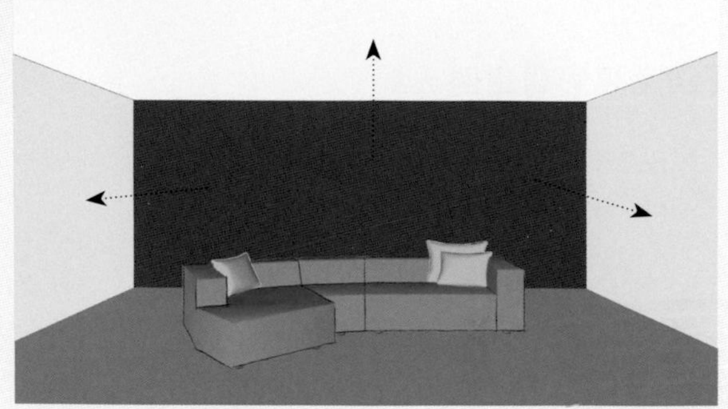
遠處的牆面使用前進色，在視覺感受上減小了房間的進深，使空間緊湊。

重色和輕色

深色給人下沉感，淺色則給人上升感；同明度、純度的條件下，冷色重，暖色輕；同一色相，低純度較重，高純度較輕。層高較矮的空間可以用輕色噴塗天花板，重色裝點地板，在空間感上拉開天花板和地板的距離。

淺色——上升

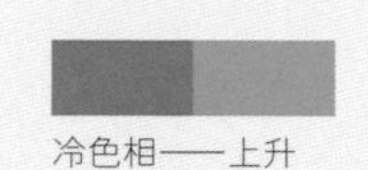
冷色相——上升

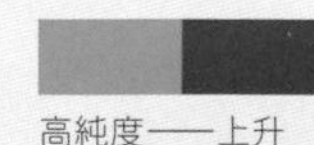
高純度——上升

深色——下沉

暖色相——下沉

低純度——下沉

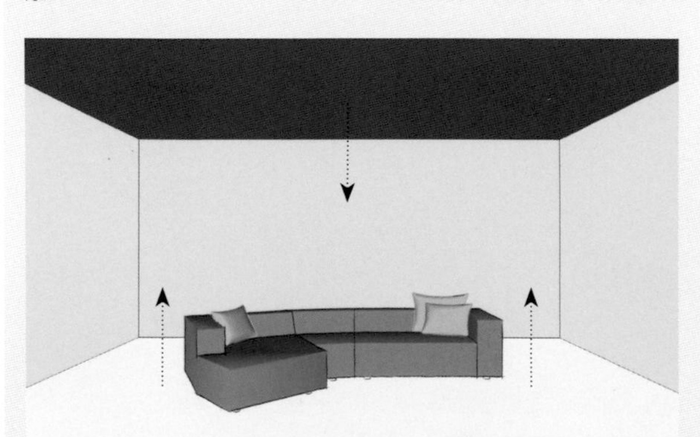
層高較高的房間，天花板噴塗重色增加下沉感，地板用輕色增加上升感，在視覺上壓小層高。

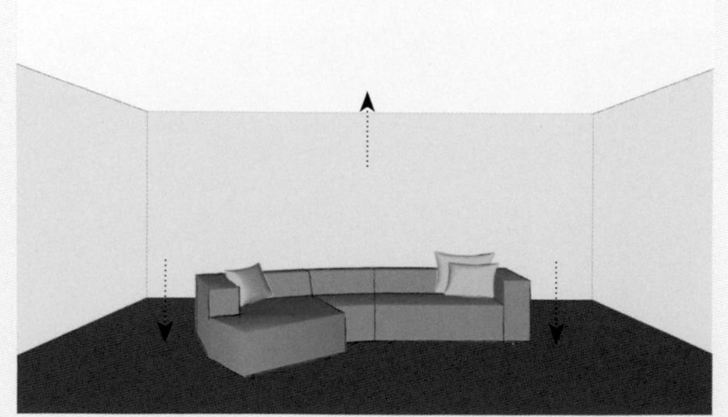
層高較矮的房間，天花板噴塗輕色增加上升感，地板用重色增加下沉感，在視覺上拉大層高。

COLOR MATCHING

巧用冷暖色調 使房間「冬暖夏涼」

透過有溫度感的冷暖色可以改善居室光照的先天不足（如光照、氣候），創造更好的生活空間。

PART THREE

居室色彩與自然光照

房屋的戶型、座向總會存在一些不可避免的缺陷。座向會嚴重影響到房間的自然採光和室內溫度。

朝北的房間因爲常年曬不到太陽，室內溫度偏低，採光不足，所以選擇淡雅暖色或中性色比較好，這樣可以增加房間的溫暖感，同時還給人愉快、舒適的感受；朝南的房間則冬暖夏涼，光照均勻，色彩選擇面較廣；東西座向的房間一天內的光照差異較大，陽光直射的牆面可以選擇吸光的色彩，比如褐色、深綠色等，而背光的牆面可選擇反光色，如白色、米色等。

房間朝北，整體光線昏暗 北面房間室內溫度低、自然採光不佳，適合明度較高的暖色系，使房間溫暖明亮。

房間朝南，整體光照明媚 房間朝南，光照條件好，採用中性色或冷色系爲宜，使房間整體採光效果舒適宜人。

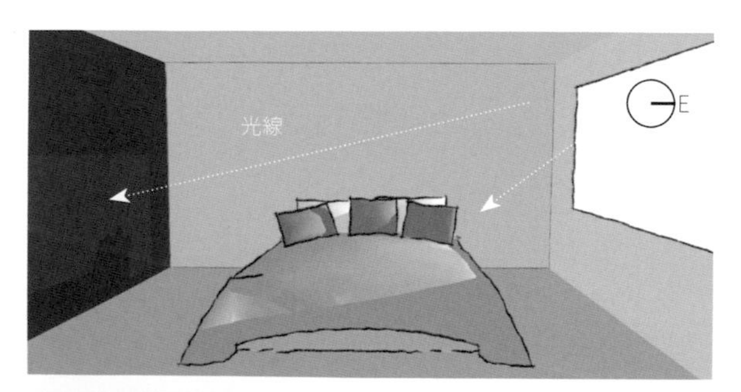

房間朝東，清晨明亮 朝東的房間，光線直射的牆體適宜選擇明度較低的色彩，增加吸光率，減弱反射。

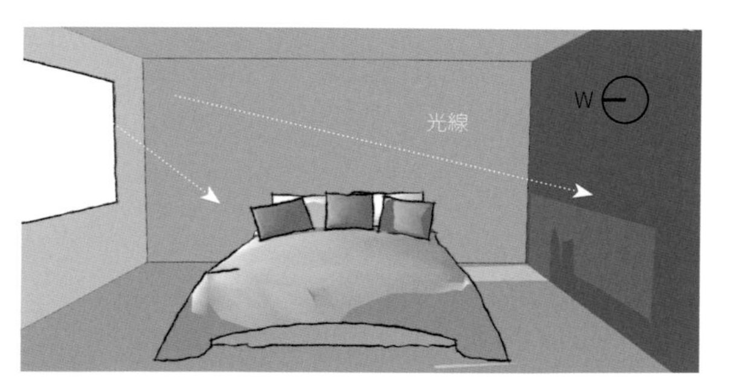

房間朝西，下午炎熱 朝西的房間光照強且溫度高，所以與下午光照相對的牆面適宜選擇吸光率高的冷色配色。

暖色適宜於光照弱的房間 客廳採光較差，配色採用大面積明度較高的暖色，增加空間的明亮、開闊感，並且減弱陰冷的感覺。

冷色適宜於「西曬」的房間 客廳窗戶朝向西面，下午炎熱、光照強，整體配色採用冷色調，牆面採用藍色可以減弱光照反射。

居室色彩與氣候

一年四季的光照和溫度變化較大，我們可以透過改變居室內的色彩搭配來與居住城市的氣候相適應。比如北方城市氣候嚴寒，寒冷的時間較長，室內可以使用暖色調來給人溫暖、舒適的感覺；而炎熱時間較長的南方地區，室內適宜採用冷色調，會給人清爽、涼快的感覺。

還有一些城市四季分明，冬季寒冷，夏季又炎熱，但牆面色彩、家具色彩不能時常更換，那麼我們可以將牆面、地板等大環境選定為中性色，然後透過經常更換的布藝軟裝的冷暖色調，來調整房間的冷暖感受。

暖色調布藝適用於寒冷氣候 秋冬季節天氣轉涼，溫度較低，透過將臥室中的床上用品以及其他軟裝替換為暖色調，同樣可以營造出溫暖的居室氛圍。

冷色調布藝適用於炎熱氣候 春夏季節天氣炎熱，日照充足，床上用品可以替換為冷色系色彩，增加空間清爽、涼快的氛圍。

色彩明度決定空間重心

色彩中明度差異最大的是白色與黑色，提到這兩個色彩，我們最大的感受是白色輕盈、清透，而黑色沉重、穩定。同理，將色彩明度運用到居室環境中，也可以使空間產生不同的重量感。

明度決定重量感

色彩的重量感取決於色彩的明度，比如深綠色比淺綠色更有重量感，而白色比黑色感覺更輕盈。將其運用到居室中，具有重量感的色彩所處的位置，就決定了空間重心所在的位置。

將具有重量感的色彩刷在天花板或牆面，會使空間具有動感，而放在地面、地毯上，則會使空間穩定、平靜，增加安全感。

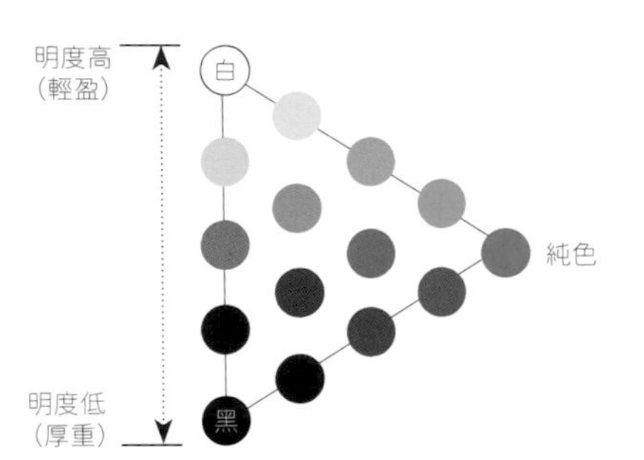

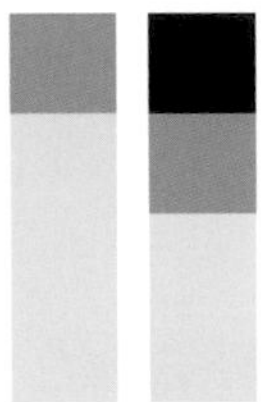

深色位於上方，空間動感十足。

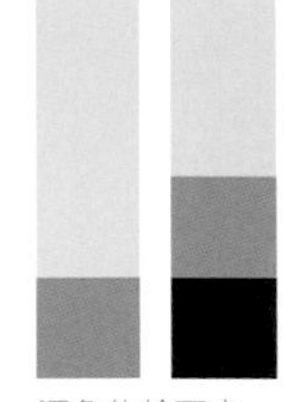

深色位於下方，空間穩定。

低重心與高重心

低重心具有穩定感 臥室中地板和地毯色彩較深，床的色彩也是深藍色，而頂面和牆面爲灰白色，房間重心處於下方，給人穩定感。

高重心具有動感 地板和頂面色彩較淺，家具色彩也淺，房間整體較明亮，部分牆面選用深灰色，重心上移，使餐廳充滿動感。

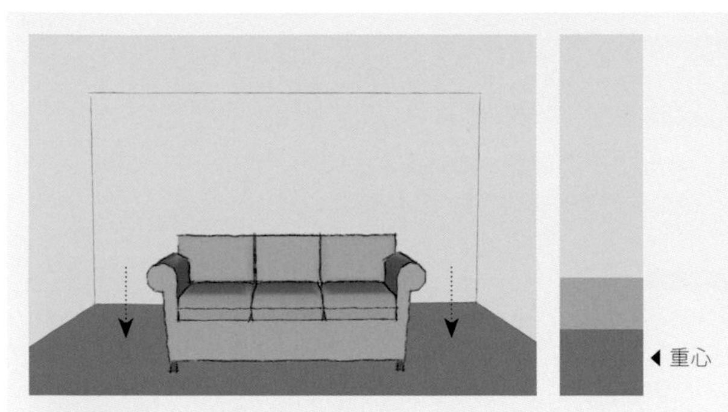

深色地面 地面的色彩明度最低，空間的重心位於下方，給人穩定、平和的感覺。

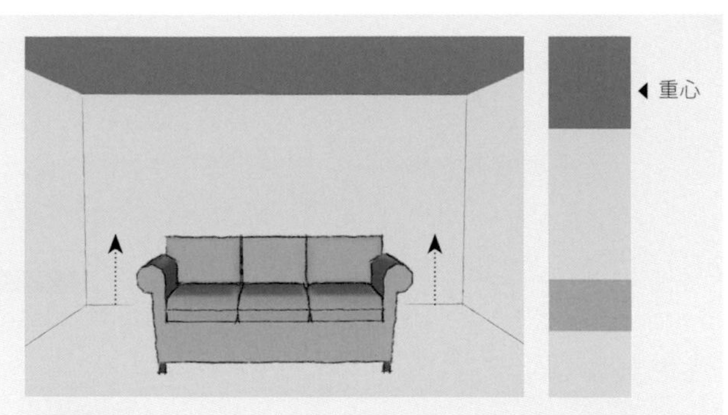

深色頂面 天花板色彩明度最低，整個空間重心處於頂部，重心高，層高有壓低的感覺，動感強烈。

深色牆面 牆面色彩明度最低，重心處於中間偏上的位置，使整個空間充滿動感。

深色家具 牆面、頂面和地面都是淺色，但家具是深色的，重心向下，空間仍然穩定。

重心高低不同帶來的效果差異

臥室中，牆面的色彩明度低於地板以及床上用品的色彩，使空間重心上移，突出動感，非常適合年輕人。

地板和床上用品的色彩明度低於牆面，整個空間重心下移，營造出穩定舒適的居室氛圍，是多數人喜愛的色彩布置。

人工照明影響房間色彩氛圍

在室內裝修中，人工照明是不可或缺的一部分。它照亮了夜間環境、補充白晝的採光不足，以滿足我們的工作、學習和生活，還可以豐富我們的居室空間的色彩氛圍。

色溫影響居室氛圍

色溫是表示光源光色的尺度，單位爲K（開爾文）。這種方法標定的色溫與大衆所認爲的「暖」和「冷」正好相反。愈是偏暖色的光，色溫愈低，可以營造溫暖、柔和的氛圍；愈是偏冷色的光，色溫愈高，可以營造清爽、明亮的效果。

在居室照明上，一般以白熾燈和螢光燈兩種光源爲主。白熾燈的色溫低，光照偏黃，適合營造溫暖、穩重的居室氛圍；螢光燈的色溫較高，光照偏藍，具有清爽、涼快的感覺。

隨著行業的發展，LED燈的光效逐步提高，其最明顯的優點在於節能環保、色彩多樣。在實際裝修中，我們應根據空間功能的不同需求，選擇適宜的照明光源。

對於客廳可以選擇營造溫馨家庭氛圍的白熾燈，也可以選擇節能燈來製造敞亮、開闊的空間氛圍；而臥室作爲我們個人的休息空間，溫暖的白熾燈是非常好的選擇；對於書房或廚房等需要進行細緻操作的空間，我們應儘量選擇明亮的螢光燈。

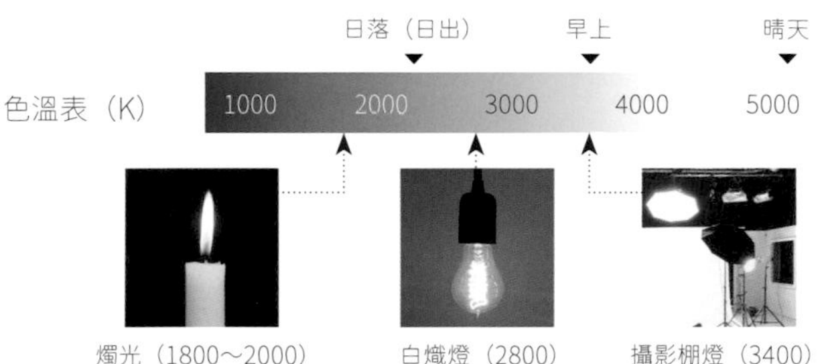

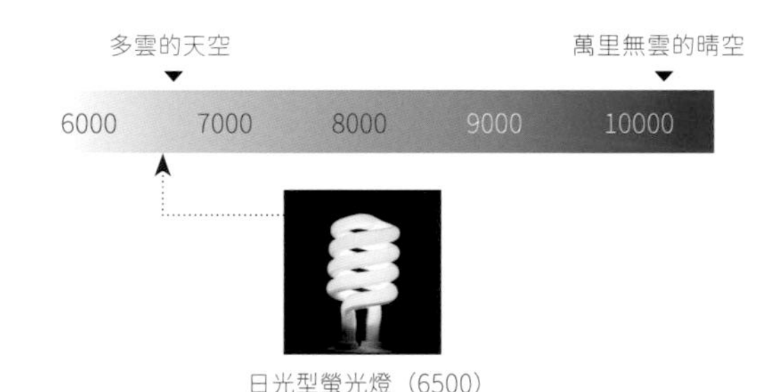

螢光燈照明 客廳採用螢光燈照明，因爲螢光燈的色溫較高，光照偏冷，空間呈現清爽、涼快的氛圍。

白熾燈照明 客廳採用白熾燈照明，白熾燈的色溫較低，光照偏暖，整個空間充滿溫馨、舒適的氛圍。

光源亮度與材料反射率結合

常用的裝飾材料中，水泥的反射率爲25%～30%，拋光石材爲40%～60%，而不銹鋼爲150%～200%，由此不難看出，材料的反射率愈高，反光愈強。黑色布料的反光率爲2%～3%，白色布料的反光率爲50%～70%，所以在居室空間中，材料的色彩明度愈高，對光線的反射就愈強；色彩明度愈低，則愈吸收光線。因此，在相同照度的空間中，不同的配色方案呈現出的空間明暗度也不同。

當牆面或頂面的顏色較深時，要考慮使用照度較高的光源，否則室內效果會比較昏暗，影響日常生活。如果要使用投射燈或壁燈，牆面宜選擇中等明度的色彩，這樣反射出的光比較柔和，而白牆則會很刺眼。

淺色牆面 相同照度下，由於白牆的反射率較大，對光的反射也更強，整個空間明亮開闊。

深色牆面 相同照度下使用深色牆面，顏色愈深反射率愈低，吸光能力就愈強，整個空間較暗，牆面的反光更柔和。

照射面不同帶來的效果差異

房間中被光照亮的面不同，房間的氛圍也會有所改變。被光照射到的牆面，表面色彩的明度會大大增加，因此產生了後退的效果，使空間更加寬敞。常用到的燈具有頂燈、投射燈、壁燈等，可根據自己對居室的光照需求，單獨使用或結合使用燈光。

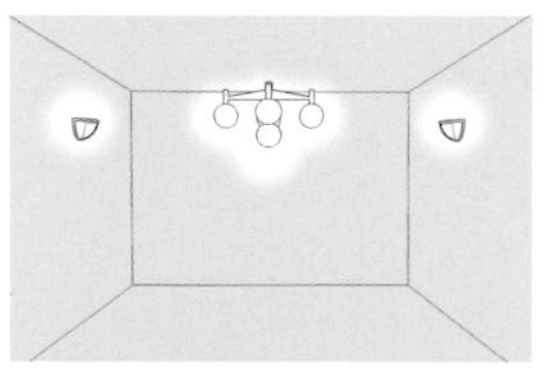

照亮整個房間 透過吊燈和壁燈照亮房間的每個面，呈現開闊、敞亮的效果。

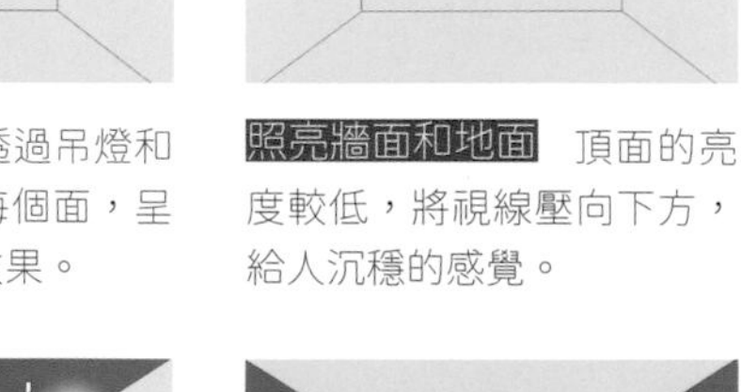

照亮牆面和地面 頂面的亮度較低，將視線壓向下方，給人沉穩的感覺。

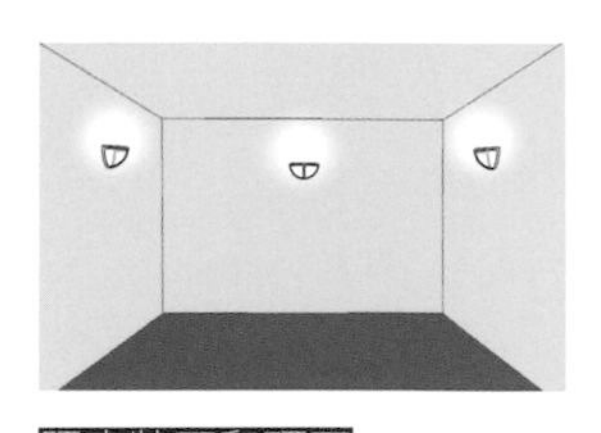

照亮牆面和頂面 牆面和頂面明度高，顯得寬敞明快。

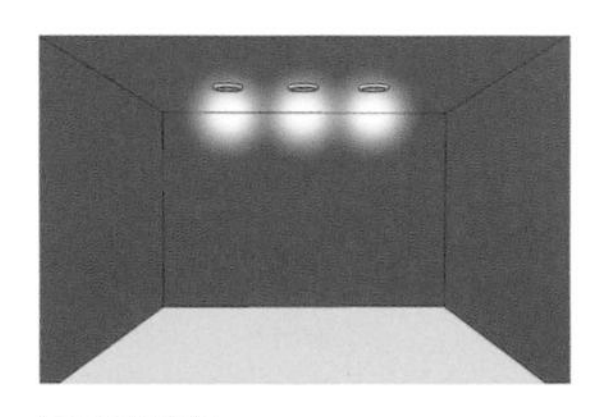

照亮地面 地面明亮，周圍黑暗，顯得靜謐、專注。

照亮牆面 牆面明度提高，具有後退感，使空間更開闊。

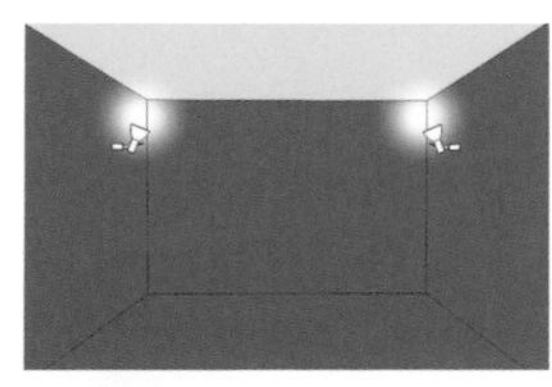

照亮頂面 頂面亮度較高，視覺上層高有變高的感覺。

室內材質豐富居室體驗

色彩是依附於材質而存在的，不同的材質與不同的色彩搭配，可以呈現出豐富多樣的視覺感受。
在實際家居搭配時，要學會巧妙利用各種材質的特性，使我們的居室體驗更加細膩、豐富。

自然材質與人造材質

我們都知道，每一種視覺可見的物體一定有相應的色彩附著在上面。隨著科技的快速發展，材質愈來愈豐富，我們的居室環境也同樣受到各種材質與其色彩的影響。

常用的室內材質可分爲自然材質和人造材質，而在實際運用中，這兩者往往是結合使用的。自然材質的色彩給人質樸、天然的感覺，並且具有不可複製的自然紋理；而人造材質的色彩範圍廣，造型多變，常常給人現代、前衛的印象。

藤編籃子（自然材質）

鏤空漆面合金椅（人造材質）

自然材質與人造材質常結合使用 皮質沙發、實木桌椅等均爲自然材質，樹脂燈罩、牆面漆、混紡地毯等均爲人造材質，兩者結合使用則兼具了兩者的優點。

光滑度的差異影響色彩感受

除了暖質材料與冷質材料的差異外，材質表面的光滑度同樣影響我們對物體色彩的感知。比如同色的木地板，表面粗糙呈現霧光的色彩亮度較低，而刷了光亮漆的木地板表面光滑，反射度更高，所以視覺感受上，光亮的木地板色彩明度更高。

將同色材質表面進行不同光滑度的處理，再進行組合設計，能夠形成不同明度的差異，並且能夠使該產品外觀更細膩，具有層次感。

亮面的金屬工藝品與表面粗糙的金屬盒子色彩相同，但光滑度的不同使它們呈現的色彩大不相同。

暖質材料和冷質材料

暖質材料如布藝、皮具等，給人柔軟、溫暖感；冷質材料如玻璃、金屬等，常給人冰冷感、現代感和科技感；木材和藤等介於冷質材料和暖質材料之間，被稱爲中性材料。冷質材料外觀選擇暖色調，可以削弱冷質材料的冰冷感，同理，暖色的溫暖感也會降低；暖質材料使用冷色調，材料的溫暖感降低，冷色的冰冷感也會減弱。在實際的家居配色和軟裝搭配時，要巧妙運用冷、暖質材料的特性，營造豐富的居室效果。

玻璃杯（冷質材料）

布藝靠枕（暖質材料）

木質相框（中性材料）

冷暖材質結合，使空間層次更豐富 餐桌的玻璃桌面爲冷質材料，兩側的皮質椅子爲暖質材料，兩者形成鮮明對比，增強了餐廳區的層次感，空間體驗也更加豐富。

冷質材料適合廚房、衛浴間 廚房的背景牆和櫥櫃都採用黑色的瓷磚貼面，搭配金屬材質的抽油煙機，整個廚房給人潔淨清爽、一塵不染的感覺。

暖質材料適合臥室 臥室中的地毯、床上用品均爲暖質材料。在臥室中大面積使用暖質材料可以增加空間的舒適度和溫暖感。

圖案與面積影響空間感受

現在很多家居裝修流行壁紙、牆繪等，要注意的是，不只是色彩會影響空間的大小感受，壁紙、牆繪的圖案大小同樣會對空間感造成影響，應根據自己的居室條件來選擇適宜的圖案大小。

透過圖案調整空間感受

實際上，不僅色彩會對空間感造成影響，窗簾或壁紙的圖案大小同樣會對空間的開闊、緊湊感造成影響。大圖案會給人壓迫感，減弱了與室內陳設的大小對比，使居室空間變得緊湊或狹窄；小圖案與陳設的大小對比強烈，視覺上有後退感，增強了空間縱深，使房間更開闊或空曠。橫向條紋有橫向拉伸感，使空間更開闊，豎向條紋具有縱向拉伸感，則在視覺上增加了層高。

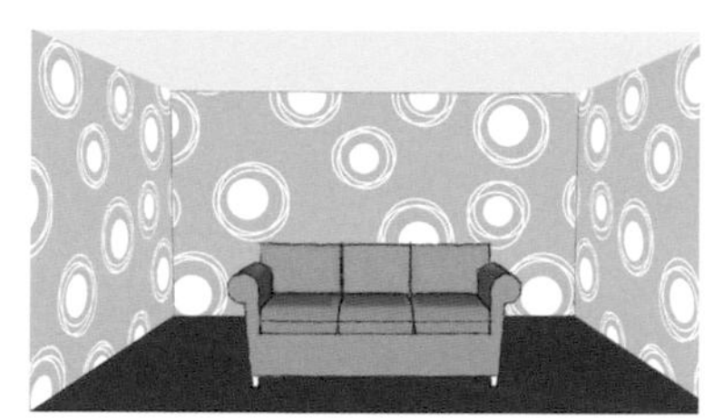

大圖案

大圖案的壁紙或窗簾具有前進感，使空間顯得緊湊或狹窄，適用於空間面積較大的居室。

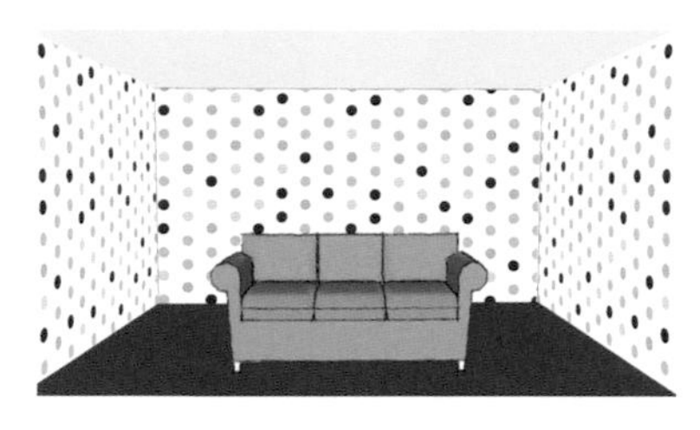

小圖案

小圖案的壁紙或窗簾具有後退感，使空間變得開闊或空曠，適用於空間面積較小的居室。

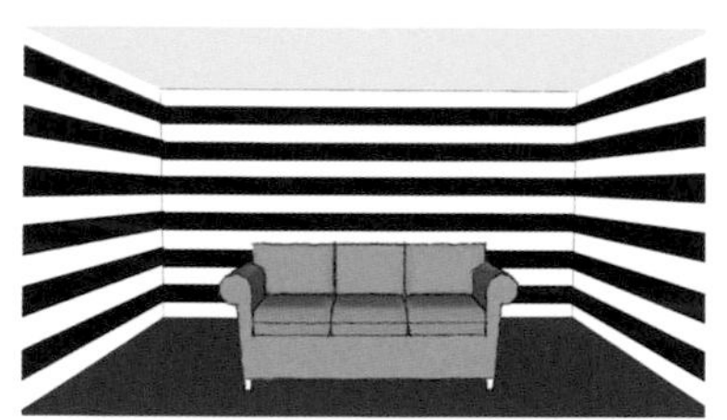

橫向條紋

橫向條紋有水平拉伸感，使房間顯得更加開闊，但層高也隨之變矮。

豎向條紋

豎向條紋對空間有縱向拉伸感，有層高變高的感受，但空間也變得狹窄。

色彩面積對居室的影響

居室中的某種色彩隨著其面積的增大，在配色中的比重也就增大，對空間的色彩效果也會增強。比如純度較高的色彩面積愈大，色彩效果就愈鮮豔、明亮；明度較低的色彩面積愈大，色彩效果就會愈厚重、暗淡。

我們透過色卡來給房間的大色塊選色時，要注意視覺上的差異，應根據上述規律做好預先的判斷，儘量減少誤差。

裝修完工後的木地板整體效果比小塊樣板的色彩更深，而灰白色的牆面呈現出的效果比色卡更亮。

PART FOUR

點亮家的必備配色思路

COLOR MATCHING

4

COLOR MATCHING

5個技巧 打造層次清晰的居室環境

有時候我們會發現，在空間配色中，明確的層次關係能夠讓人產生安心的感覺。恰當地突顯主角，才能在視覺上形成焦點。那麼怎樣讓房間富有層次感呢？下面的5個技巧教你打造層次清晰的居室環境。

PART FOUR

提高家居鮮豔度，使房間主次分明

純色是色彩純度最高的顏色。從右邊的色調圖中我們可以看出，愈是靠右的色彩，其純度愈高。黑色、白色、灰色都屬於沒有純度的色彩。

想要突顯房間主體，可以單方面提高主體的色彩純度。純度提高，主體變得鮮豔醒目，也讓空間結構更加安定。

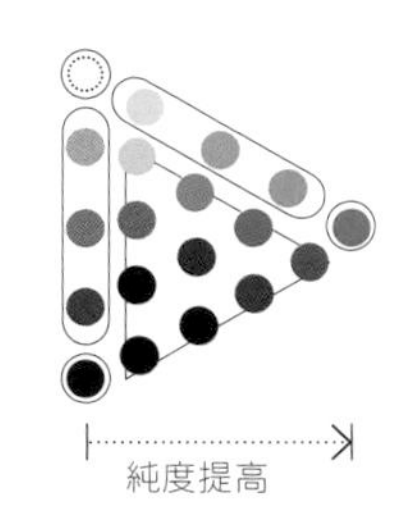

純度低
模糊不醒目

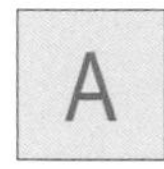

純度高
明確醒目

主角、配角鮮豔程度混雜，整體混亂。

鮮豔程度相同，分不清楚哪個是主角。

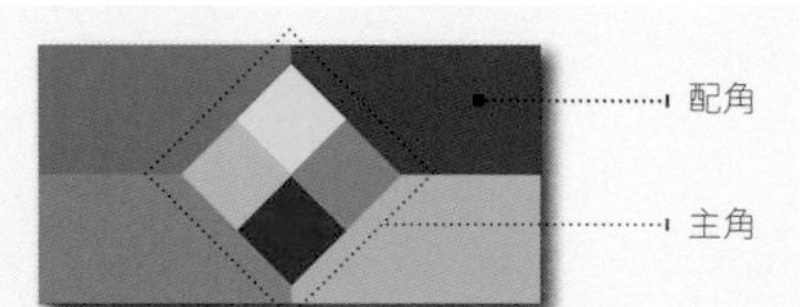

提高主角的色彩純度，就可以讓主角一目了然。

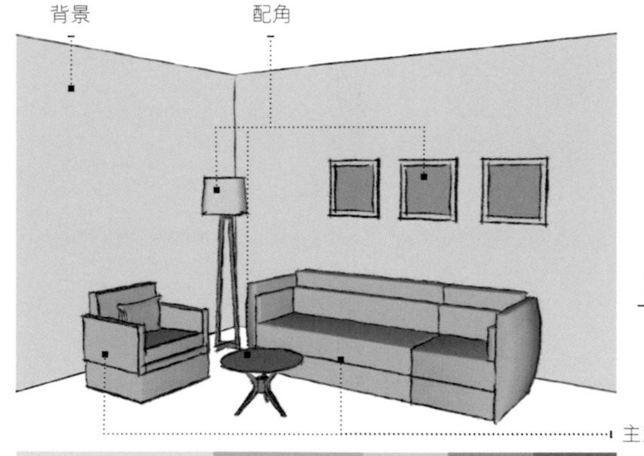

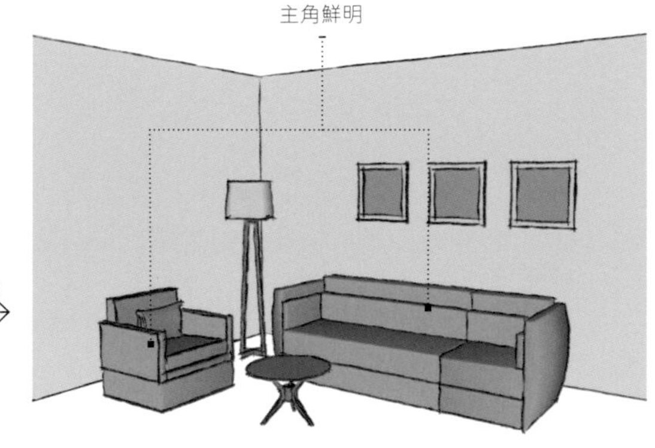

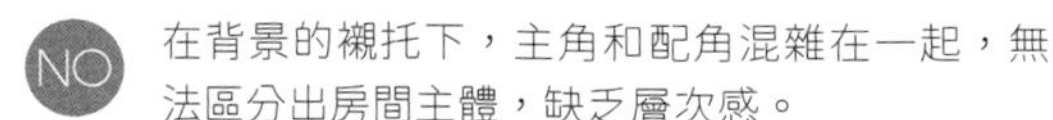
NO 在背景的襯托下，主角和配角混雜在一起，無法區分出房間主體，缺乏層次感。

YES 將主角的色彩純度提高，鮮豔程度也提高了，主角立刻從濁色調的配角、背景中脫穎而出。

提高主體純度，明確其主角地位

主角明確，效果通透、穩定 主角色彩純度較高，與環境的濁色調形成對比，引導視線聚焦，房間效果給人明確、穩定的感覺。

主角模糊不清，效果灰暗 房間整體爲濁色調，主角的色彩也呈濁色。在色彩上無法明確感受到主角的地位，效果灰暗、平平無奇。

透過其他色塊襯托來明確主角地位

主角保持強勢，聚焦視線 客廳的中心是沙發和茶几區域，在周邊色塊比較豐富的情況下，沙發的鮮豔度也要保持強勢，才能聚焦視線。

主角不明顯，布置凌亂 沙發靠枕純度低，整體色彩灰暗，導致空間缺少視線焦點，層次感不強。

增強明暗對比，明確房間重點

明暗對比即因色彩的明度差別而形成的色彩對比。明暗對比在色彩構成中占有重要地位，相對純度對比和色相對比，明度對比表現出的效果更加強烈、醒目。任何色彩都有對應的明度值，明度最高的爲白色，明度最低的爲黑色。在右側色調圖中，愈往上明度愈高，愈往下明度愈低，增大兩個顏色之間的縱向距離，也就增強了明暗對比，使主角突出，房間層次明確。

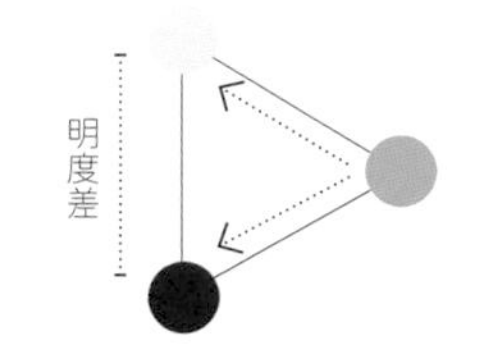

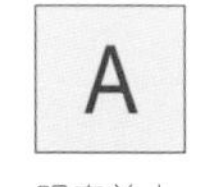

明度差大，明確醒目

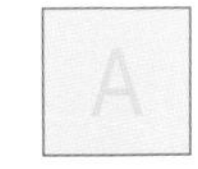

明度差小，難以識別

主、配角明暗混雜，整體散亂，主角不易辨識。

主、配角明度相近，缺乏層次感，主角模糊不清。

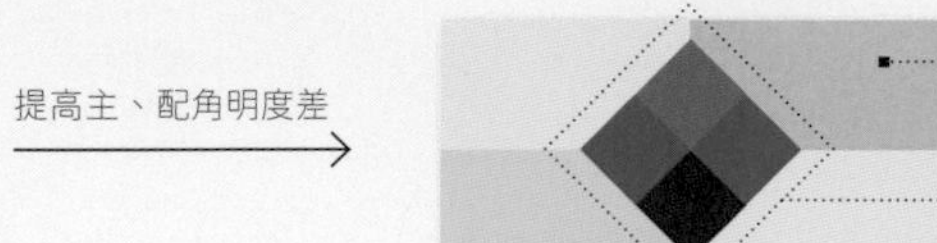

提高明度差，主角一目了然。

純色的明度並不相同

同爲純色，在色調圖中也處於相同的位置，但明度並不相同。如黃色和紫色，兩者同爲純色，但在視覺上，黃色明度明顯高於紫色。

黃色明度更接近於白色，而紫色明度更接近於黑色。

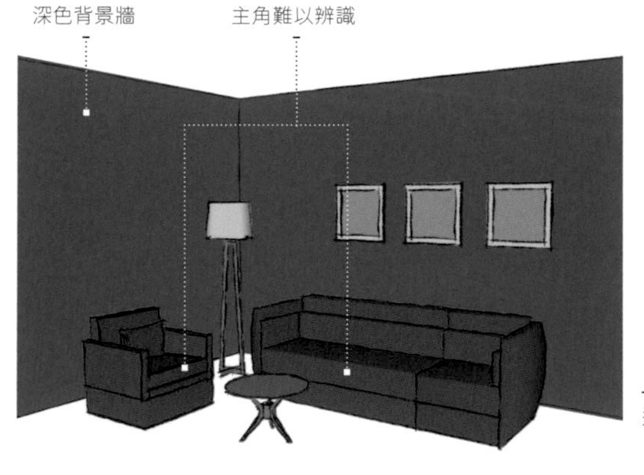

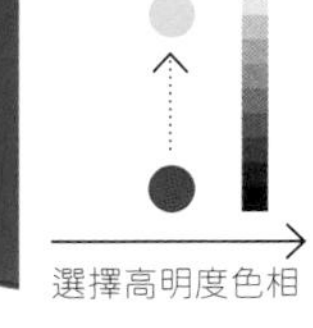

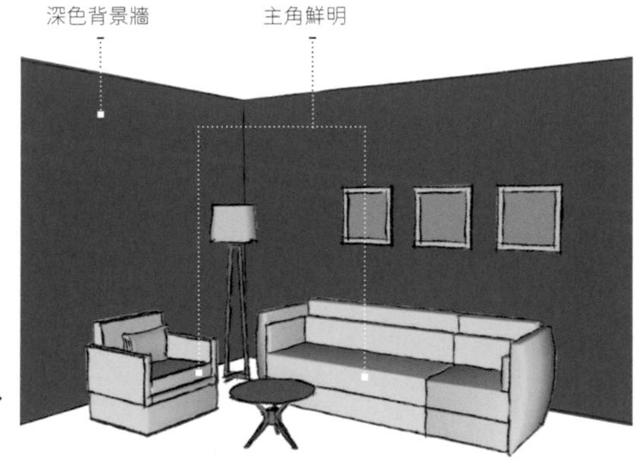

在深色背景牆前搭配純色家具，選擇色相明度低的紫色，致使家具與牆面色彩混爲一體，難以辨識。

家具選擇色相明度高的黃色，增大了牆面與家具的明度差，從而使主體分明，整個居室充滿層次感。

增大主角色與背景色的明度差，增加層次感

主角明確，房間層次分明 主角與牆面明度差變大，主角清晰、明確，牆面、桌子和座椅在明度上遞增，房間層次分明。

主角錯誤，房間效果昏暗 座椅與背景牆的明度太接近，導致明度較高的桌子成爲主角，層次感與實物不符，效果混亂，氛圍昏暗。

增大背景色之間的明度差，明確功能劃分

增大明度差，效果明確、整潔 客廳與餐廳的背景色明度差較大，空間劃分清晰明確，開闊卻不空曠。

功能劃分不明確，效果凌亂 空間劃分對於開放式戶型非常重要，如果不同空間的明度差異小，會給人空曠、凌亂的感受。

增強色相型，使房間效果更生動

如右圖所示，當我們想要營造平靜溫和的氛圍時，可以用淡藍色和淡綠色搭配，兩色色相靠近，給人穩定平靜的感覺；而要營造生動活潑的氛圍時，我們常常使用色相差距大的顏色，如橙色與藍色。

在Part 2的第三節中，我們講了4大類7種不同的色相型，由於每個色相之間的距離差距，這些色相型在對比效果上存在著強弱之分。對比效果最弱的是同相型，具備平穩、柔和的印象特徵；對比效果最強的爲全相型，具備歡快、熱鬧的印象特徵。

在居室配色時，增大色相之間的角度差，便能增強色相型，達到更生動的居室效果。

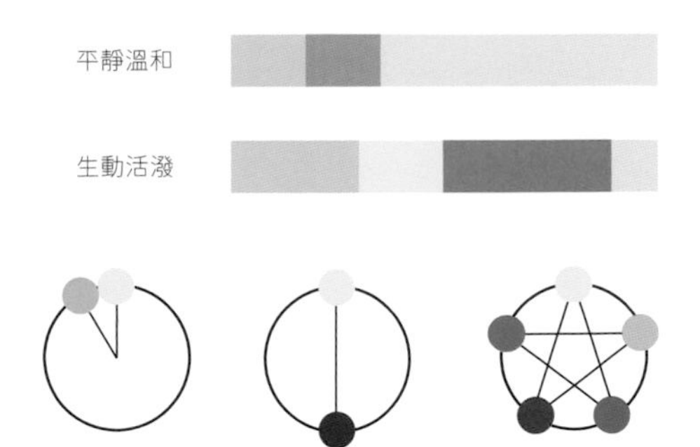

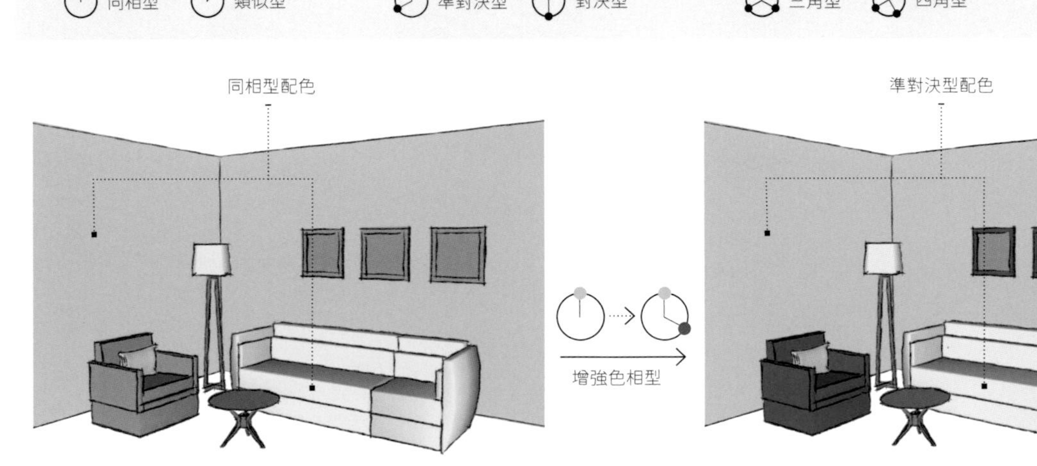

NO 同相型的配色色彩單一，只會讓氛圍變得平淡、溫和，缺乏張力，容易使人感到乏味。

YES 選擇色相型較強的準對決型配色，房間層次感分明，生動且具有張力，使房間充滿時尚感。

同色調的配色，增強色相型更具張力

色相差大，精緻華美　沙發與背景牆採用了準對決型配色，色相型增強，使客廳充滿張力和律動感，且紫色與棕黃色搭配，給人華麗精緻的感覺。

色相差小，平淡保守　主體沙發與背景牆均採用了類似型配色，色相差小，客廳整體效果低調、保守，是適合老年人群體的傳統風格。

色相型的增強不僅突顯主角，而且改變房間氛圍

房間氛圍活潑、歡快　全相型的配色形成活潑、開放的氛圍。房間色調明亮、鮮豔，給人愉快、歡鬧的印象，適合作爲兒童房配色。

房間氛圍嚴肅、冷清　類似型配色的色相差小，房間效果混亂、模糊；藍色和紫色的搭配給人嚴肅、沉重的感覺。

增加小面積色彩，使房間主體更突出

如右圖所示，沙發和茶几的色彩比較素雅，如果沒有附加的藍色，整個客廳就會感受不到重點，顯得異常沉悶。所以當房間裡的主角比較樸素時，可以在其附近裝點小面積的對比型色彩，使主角變得強勢奪目，房間效果也更加細緻精美。這種突顯主角的小面積色彩叫做附加色。附加色屬於點綴色。

附加色的主要作用在於「畫龍點睛」，講究「神聚」。如果附加色的面積太大，就會上升成配角色，從而改變房間配色的色相型。而小面積地使用，既能裝點主角，又不會破壞整體的色彩印象，所以附加色的面積一定要小。

加入小面積的藍色，突出素雅氛圍，明確房間重心。

主角樸素，在同色調的環境下顯得乏味。

+

添加色調更加明豔的附加色。

搭配組合

依舊是復古的色調，主角卻更加強勢醒目了。

主角不醒目

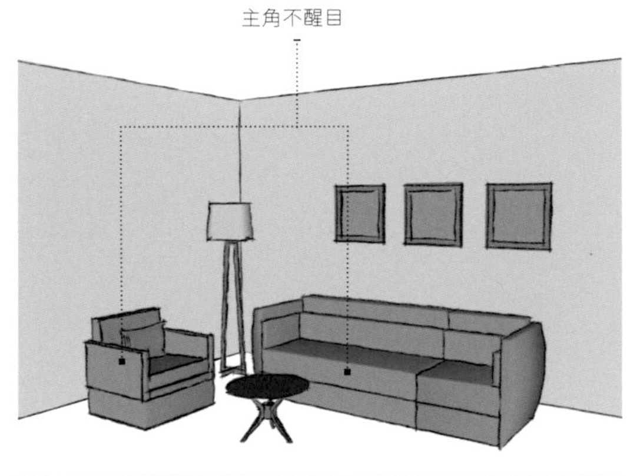

加入附加色

附加色使主角突出

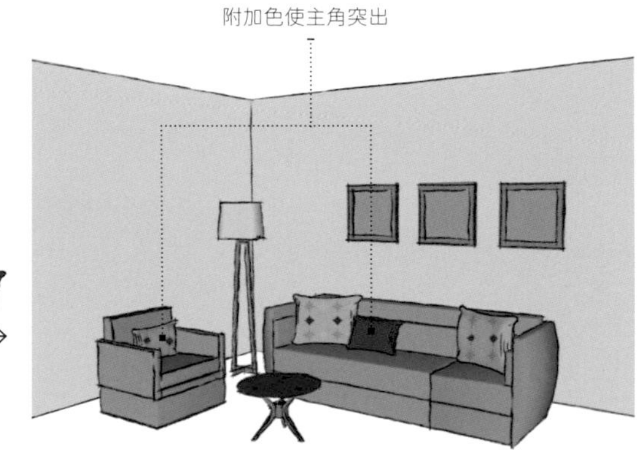

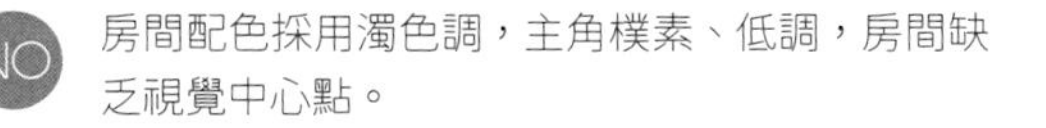

NO 房間配色採用濁色調，主角樸素、低調，房間缺乏視覺中心點。

YES 小面積紅色和土黃色的加入，爲沙發增光添彩，吸引視線，使房間層次感分明。

即使面積很小也能發揮大功效

主角變得強勢 給臥室中的床附加一個小尺寸的中黃色靠枕，在房間濁色調的襯托下，主角鮮明、強勢，房間有了重心。

主角灰暗、平庸 房間布置精緻，不過在色彩上缺乏亮點，使得整個空間顯得平庸乏味。

附加色的鮮豔程度由房間氛圍決定

優雅、清爽的氛圍 房間整體是追求清爽、優雅的氛圍，加入淡雅色調的暖粉色靠枕，房間的女性特質大增，起到畫龍點睛的作用。

溫暖、陽光的氛圍 靠枕和檯燈的明黃色奠定了房間溫暖、充滿陽光的氛圍，點綴鮮豔的綠色花卉明確了房間重心，給人生機勃勃的感覺。

抑制色彩，營造優雅高檔的氛圍

優雅的配色色調是淡弱的，色彩一般明度較高，純度較低，呈現出的房間效果淡雅、細膩，很少使用大面積的深色和純色。要營造優雅高檔的氛圍，就要減少鮮豔色彩的面積，這就需要對配角或背景的色彩稍加控制，來突出主角。

在實際配色時，配角或背景要避免使用純色和暗色，而應改用明度較高、純度較低的淡色調、淡濁色調，從而使色彩的強度得到抑制，達到優雅、高檔且層次分明的房間效果。

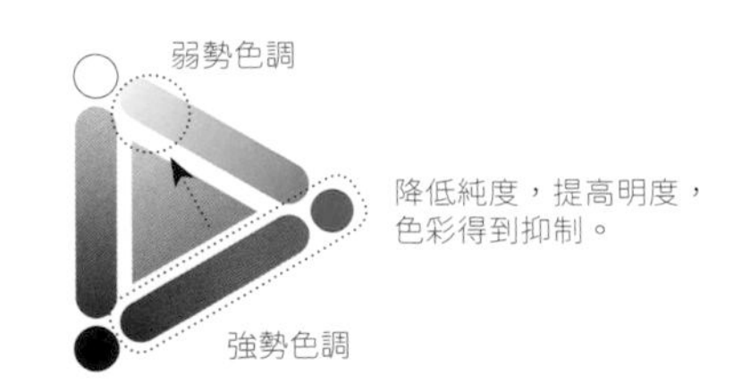

背景色純度高、明度低，色彩濃郁，不夠優雅。

配角純度高、明度低，過於強勢，主角不醒目。

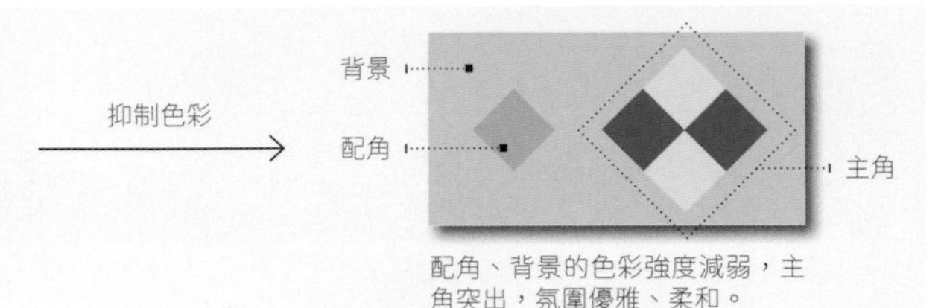

配角、背景的色彩強度減弱，主角突出，氛圍優雅、柔和。

背景和配角過於濃豔

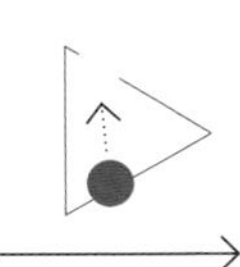

NO 配角和背景的色彩純度高、明度低，主角夾在兩者之間，層次感混亂；色彩厚重，氛圍壓抑。

YES 抑制牆面和地毯的色彩強度，使其色彩迎合沙發的柔和色調，整體顯示出優雅、高檔的感覺。

襯托柔和的主角，需抑制配角和背景的強度

房間氛圍優雅、明亮 抑制牆面和茶几的色彩，空間變得明媚、柔和，主角也變得醒目，整體氛圍低調、優雅。

背景和配角過於強勢 牆面明度過低，茶几純度過低，房間氛圍沉重、灰暗，色彩之間對比太強，完全沒有優雅的感覺。

營造淡雅氛圍，忌大面積使用濃郁色彩

優雅高貴的色彩印象 降低沙發純度，再適當提高明度，使其與牆面、花卉的色調和諧統一，呈現出優雅高貴的色彩效果。

主角純度太高 沙發純度過高，色調濃郁，與周圍環境的色彩對比過於強烈，無法感受到淡雅的氛圍。

COLOR MATCHING

提升房間格調有技巧！

房間效果穩定素淨，可是總覺得很平庸，沒有眼前一亮的心動感，想要改造卻又無從下手……
看看下面的內容，提升房間的格調也許沒有那麼難。

PART FOUR

多種色調組合，別具一格

居室採用一種色調雖然不容易出錯，但是容易使人感覺單調枯燥，多種色調組合可以表現出各種豐富的感覺。想要讓家顯得別具一格，不妨試試多種色調的組合。

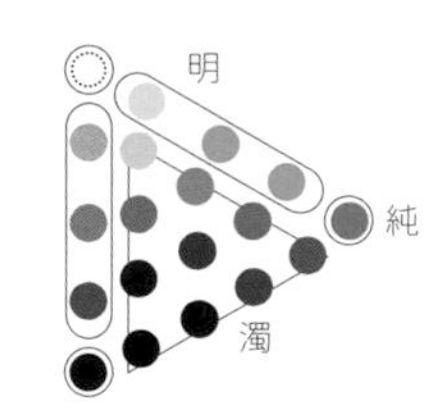

除黑、白、灰外，色調可以大致分為明、濁、純三類色調。

純色調活潑、跳躍感強，但過於豔麗刺目。

+

濁色調穩重，但也平庸枯燥，給人衰敗感。

既有純色調的活躍感，又有濁色調的穩重感。

背景、配角、主角均採用純色調

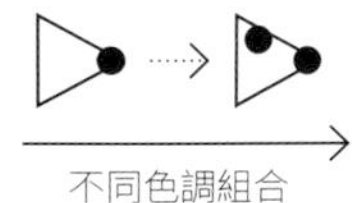

房間效果爽朗，視覺不疲勞

居室配色僅使用純色調，雖然鮮豔但太過浮躁，容易引起視覺疲勞。

加入濁色調，柔和了視覺效果，房間顯得更加穩定，並且不失張力。

濁色調＋大面積的純色，充滿時尚感

典雅又時尚的居室效果 地板和沙發均爲高檔、穩重的鈍澀色調，豎向的色彩則爲亮麗的明銳色調，整個居室給人高檔、充滿活力的感覺。

陳舊感撲面而來 居室僅使用鈍澀色調，過於古樸，缺少亮點，使人情緒低落。

濁色調的居室點綴純色，使人眼前一亮

休閒舒適的居室環境 淡弱色調的居室給人舒暢、素淨的感受，點綴純色調的靠枕，爲房間加入積極愉快的情緒。

房間效果太沉悶 整個居室都使用混濁的淡弱色調，給人的感覺過於樸素，房間效果太沉悶。

加入黑白色，打造高冷風格

無論潮流如何變遷，黑白一直被奉爲經典配色。黑白搭配簡單乾淨，不以色彩喧賓奪主，而是注重突顯設計本身的造型，所以黑白搭配是突顯家居現代感的一大手段。

全黑白色會過於冷硬，所以在居室配色中，黑白往往和一些溫馨的有彩色搭配，如鵝黃、草綠等；黑白色與幾何圖案搭配可以避免房間過於呆板，在地面、牆面或家具上使用不同圖案可以突顯出空間的個性。

YES 黑白搭配充滿現代感，格調提升。

NO 簡約樸素，缺少個性。

樸素平庸的配色，缺少眼前一亮的感覺。

對於居室配色而言，全使用黑白又過於冷硬。

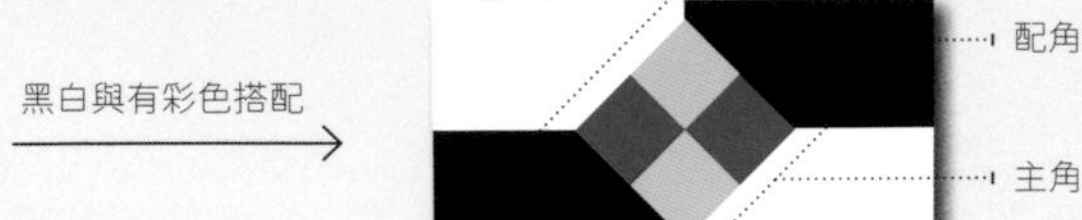

加入黑白突顯有彩色部分，又提升了格調。

加入黑白色，突顯設計感

充滿格調的北歐風居室 黑白色突顯了布藝和裝飾畫的紋樣，豐富了布置簡潔的房間的細節感，也襯托出綠色的清新和木色的舒適感。

效果平庸，缺乏設計感 整體配色比較清爽，但居室中的線條和幾何元素都不夠突出，缺少設計感。

COLOR MATCHING

6種方法讓家綻放出最舒適的色彩

如何搭配出可以讓身心放鬆的療癒系居室空間氛圍呢？下面的6種方法，教你讓家綻放出最舒適的色彩。

PART FOUR

運用相近色相，提升房間舒適感

當空間色彩給人過於浮躁、繁雜的感覺時，可以適當減小色相差，使色彩之間趨於融合，使空間感更穩定。只使用同一色相的配色稱爲同相型配色，使用相近色相的配色稱爲類似型配色。這兩種色相型的色相差都極小，可以產生融合、穩定的空間效果。

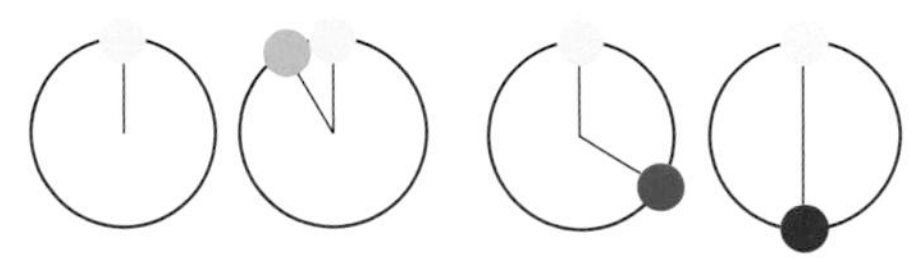

色相差小，恬靜溫馨　　色相差大，動感活潑

全相型配色，色彩雖豐富但過於繁雜。

減小色相差 →

採用對比型配色，減少色彩數量，收斂色彩。

減小色相差 →

採用類似型配色，空間效果溫暖、舒適。

色相差愈小愈顯平穩

自然、舒展的類似型配色　嫩綠色和棕色爲臨近色，以兩色爲主的類似型配色給人自然、舒適的感受，空間不沉悶。

穩定、執著的同相型配色　同相型配色僅有一種色相，給人強烈的人工感和執著感，與無彩色搭配效果很好。

統一明度，營造安穩柔和的氛圍

要想營造安穩柔和的居室氛圍，減小色彩明度差是非常有效的方法。在色相差較大的情況下，使明度靠近，則配色整體給人安穩的感覺。這是在不改變色相型和原房間氛圍的同時，得到安穩柔和配色的技法。

當明度差為零並且色相差很小時，容易使空間過於平凡、乏味，這時我們可以適當增強色相型，避免色彩太單調。

YES 房間效果溫馨、柔和

NO 明度對比太大，不夠柔和

明度差異大，效果不安定。

明度差為零並且色相差很小，給人單調、乏味的感覺。

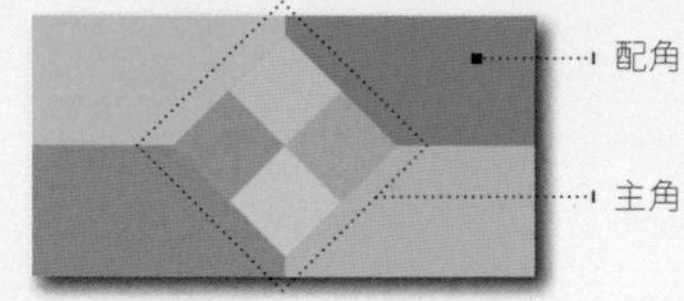

色彩效果穩定、柔和。

減小明度差，氛圍更柔和

明媚、爽朗的房間效果 淺藍色牆面與地面、天花板的明度靠近，房間光感柔和，整體氛圍明媚、舒朗，給人寬敞的空間感。

明度對比太大，效果昏暗 牆面色彩比天花板和地面的明度低，空間顯得擁擠，給人壓抑、沉悶的感覺。

拒絕過於鮮豔的房間色彩

在前面我們講到過多種色調的組合可以達到使人眼前一亮的空間效果。不過當色相差較大時，如果色調也存在較大差異，色彩間的對比就會過於強烈了。這種情況下就應該靠近色調或減弱色相型。

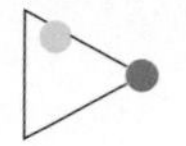
對比色調
突顯的作用

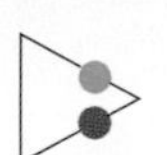
色調稍微偏離，
對比感不強

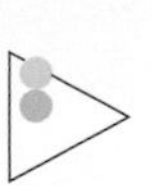
色調靠近
融合的效果

YES 低調、沉穩的房間效果。

NO 色調差異大，氛圍不夠穩重。

色調差異太大，空間感不穩定。

不同的色調太多，色相差也大，
對比過於強烈，效果混亂。

黑白與有彩色搭配

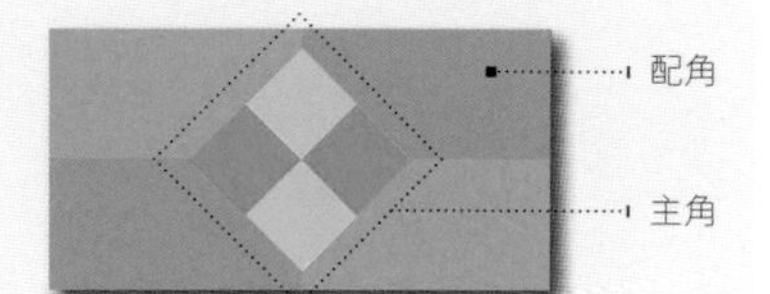

色調靠近，房間效果穩定、柔和。

靠近色調的同時也要避免單調

簡約、時尚的房間效果 房間整體呈現濁色調，暗紅色背景牆與家具的色彩具有適當的色相差，給人低調、大氣又時尚的氛圍。

色調差太大，效果突兀 背景牆色彩過於鮮豔，與家具色調對比強烈，帶來壓抑、緊張的情緒。

加入過渡色，減少突兀感

當色彩數量較少，色相差又較大時，居室的空間效果往往會單調且對比強烈，視覺上會很突兀。這種情況下，我們可以加入原有色彩的同類色或類似色，起到過渡的作用，柔化色相差異，在對比的同時增加整體感。灰色也能起到很好的調和作用，但要注意灰色要與其中一種顏色的明度靠近。

另外，色彩數量的增加也使得居室更具有細節感，配色的效果自然、穩定。

YES 黑白搭配顯得充滿現代感，格調提升。

NO 簡約樸素，缺少個性。

色彩單調，對比過於強烈。

加入過渡色

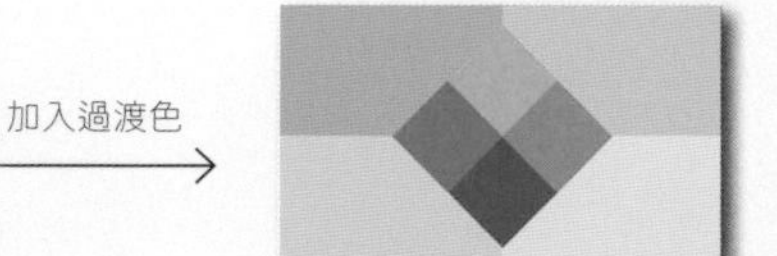

加入同類色，畫面充滿層次感，突顯細節。

加入類似色，畫面色彩更豐富了。

加入灰色進行調和，減少了突兀感。

添加類似色形成色彩融合

舒適、休閒的房間效果 加入棕色和磚紅色，兩色爲米棕色的類似色，使深青色的沙發與環境更加融合，且房間更具有細節感。

單調的房間效果 通體都是深青色的沙發在米棕色的環境中缺少融合感，色彩數量少，單調且突兀。

色彩重複出現，營造整體感

同一色彩在不同地點重複出現，能達到融合、呼應的效果。色彩單獨出現形成強調作用，重複出現則能促進整體空間的融合感。這種重複的色彩常以點綴色或配角色的形式出現。

如右圖所示，淡黃色出現在床上用品、檯燈、地毯和禮物盒上，使整個臥室和諧、充滿整體感；而第二張圖中單獨出現的粉色檯燈則形成強調的效果，臥室的重心落在配角上，房間顯得不和諧。

重複的黃色營造臥室的整體感。

單獨的粉紅色檯燈顯得異常突出。

雖然強調了主角，但深綠色顯得突兀，缺乏融合感。

配角色彩單獨出現，視線容易聚集在配角上。

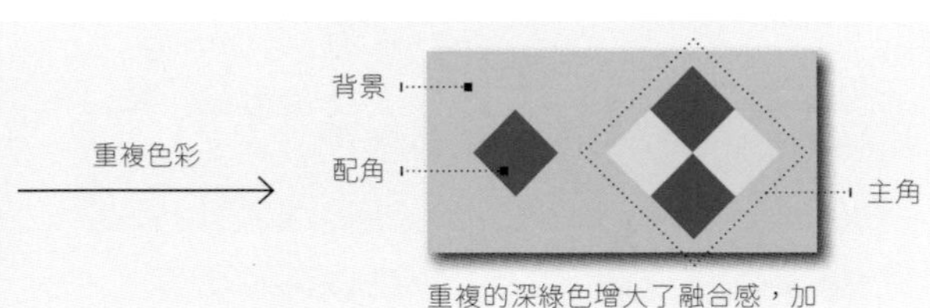

重複的深綠色增大了融合感，加強了主、配角之間的聯繫。

色彩重複出現形成關聯

和諧、充滿韻律的房間效果 綠色分布於臥室的各個位置上，使床上用品、綠植、裝飾品等都相互呼應，增加了空間氛圍的整體感。

色彩雜亂，房間缺乏整體感 臥室內的點綴色太多且不統一，房間各個地方無法形成呼應，感覺雜亂、缺乏整體感。

漸變排列色彩，表現穩重感

漸變色彩即指色彩的逐漸變化，常見爲色相漸變，也有明度漸變、純度漸變。當色彩按照一定的順序和方向變化時，色彩的節奏舒緩，給人舒適穩重的感覺；當色彩間隔排列時，色彩的節奏跳躍，則充滿動感和活力。

在空間的大色面上也可以用到漸變排列和間隔排列。「天花板淺、牆中、地深」的漸變排列可以營造穩定的空間感受，「天花板淺、牆深、地中」的間隔排列則能營造動感的空間效果。

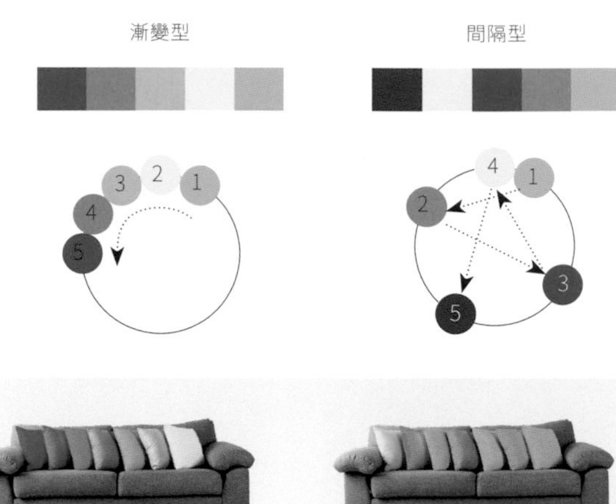

色相分隔

色相漸變

明度漸變

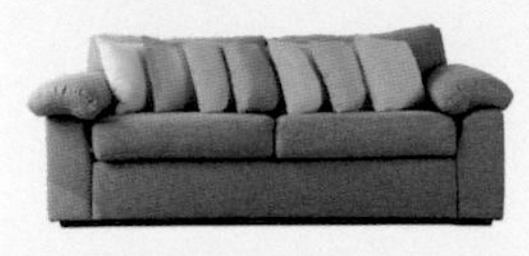

純度漸變

間隔的配色有活力，漸變的配色更穩重

間隔配色充滿活躍感 色彩打亂順序穿插排列，使漸變的穩定感減弱，房間效果動感十足，給人生機勃勃的感覺。

漸變配色具有穩定感 色彩根據色相和明度的順序漸變排列，充滿韻律感，給人舒適、安穩的空間氛圍。

5

PART FIVE

人人必備的軟裝搭配指南

COLOR MATCHING

提升品位的家具

家具除了滿足基本的生活起居的要求外，還體現出居住環境的設計風格，反映出居住者的審美品味與文化素養。
家具既是物質產品，也是藝術創作，更是我們生活的縮影。

沙發是客廳的點睛之筆

在我們挑選沙發造型、色彩前，有一點要先弄清楚：沙發如何布局？對於緊湊的小坪數戶型，沙發宜選擇精簡的布局，如雙人沙發＋座椅；對於大坪數戶型，沙發布局就十分靈活了，可以選擇U字形、口字形等。當沙發的布局確定好後，我們就可以選擇沙發的顏色或風格了。

1 基礎色或同色系，不易錯

▲ 客廳整體環境爲淺棕色調，選擇白色的基礎色沙發，使其自然地融合到環境中。

黑、白、灰、棕四個基礎色是比較百搭的沙發色彩。黑、白、灰爲無彩色，不會與有彩色發生色相型上的衝撞；棕色的純度和明度都偏低，且色調爲居室配色常用的暖色調，也是非常安全的選擇。在實際搭配時，再加上一些色彩明麗的靠枕或其他元素，可打造層次豐富的空間。另外，選擇同色系的沙發組也可以維持整個空間的和諧統一。

2 彩色沙發讓客廳煥發光彩

▲ 客廳背景色以棕灰色爲主，搭配色彩豐富的沙發，使整個居室充滿了新鮮感。

彩色系的沙發可以瞬間成爲客廳中的視覺焦點，豐富客廳的色彩，達到活躍氣氛的效果。不過搭配時要注意沙發與背景牆、茶几之間的顏色協調。

在選擇彩色沙發時，我們還要注意顏色不能雜亂，要適當收斂背景牆和其他裝飾品的色彩，或與其達到色彩呼應的關係。整個客廳的主色不能超過3個。

3 材質使沙發色彩更具質感

▲ 皮藝沙發表面的褶皺效果，加之不均勻的顏色分布，突顯了客廳粗獷的復古風格。

在選擇沙發色彩的同時，我們也要注意沙發材質的影響。常見的沙發材質可分爲布藝沙發、皮藝沙發、木質沙發以及藤編沙發，不同材質表現出的效果也不一樣。

如果將上圖中的沙發改爲同色的布藝沙發，那麼沙發的風格則變成了現代簡約，放在居室中會給人平淡的感覺。所以要結合整體風格來選擇合適的沙發材質。

沙發風格速查

皮質表面與幾何感十足的造型相結合，時尚高端，前衛又復古。

左邊的單人沙發是常見的現代簡約風格，暖綠色給人清新、愉悅的感覺。

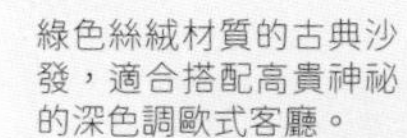

綠色絲絨材質的古典沙發，適合搭配高貴神祕的深色調歐式客廳。

深藍色布藝沙發搭配木質沙發腳，線型柔和，簡約精緻，是典型的北歐風格。

暗紅色的簡約布藝沙發，極具時尚感，與白牆搭配會有意想不到的效果。

繁複的花紋搭配偏暖的濁色調，色彩豐富，充滿異域風情，可以搭配北歐風格或波西米亞風格。

米白色的鈕釦沙發，典雅高貴，適合歐式古典風格或美式風格。

日式MUJI風格的粉白色簡約沙發床，實用且節省空間。

衣櫃與臥室的搭配

從室內設計學觀點來看，衣櫃不但承擔了收納衣物的功能，同時也扮演著臥室裝飾品的角色。衣櫃屬於大容量的櫃子，在臥室中占據較大的色彩面積，所以作爲臥室配角色或背景色的衣櫃，色彩應與床頭櫃或牆面的色彩相統一，來營造一個和諧、舒適的臥室環境。

1 依照臥室風格來選擇衣櫃

▲ 衣櫃的色彩爲暗色系，造型簡約大氣，與居室的整體風格相融合。

衣櫃在臥室中往往占有較大的豎向面積，屬於不可或缺的一部分，對空間風格起著非常重要的作用。

歐式風格是較爲奢華、古典、富麗堂皇的，而歐式風格的衣櫃一般分爲淡色調的白色與深色調的蘋果木色，分別可以營造出典雅高貴和厚重莊嚴的氛圍；現代簡約風格的衣櫃往往造型簡潔，主要透過色彩、幾何線條來表現，可以簡潔清新，也可以時尚絢麗；田園風格則主要表現在布藝上，所以衣櫃可以選擇明度、純度適中的色彩，造型簡約大方，以原木材質或新古典風格爲最佳。

2 淺色系衣櫃提高睡眠品質

▲ 白色衣櫃與白牆融合，房間顯得開闊，再搭配淺藍色的床品，給人安靜、溫和的印象。

若衣櫃顏色過於深沉，時間長了，會使人心情抑鬱；顏色太鮮亮也不好，時間一長，會造成視覺疲勞，使人心情煩躁，也會影響睡眠。淺色有助於放鬆心情，安神靜心。建議用淺色，如白色、米色、米白色、粉玉色等一些比較溫馨的顏色。同時，淺色系也是近幾年的流行色系，比較適合追求時尚的年輕白領，對處在工作高壓下的他們來說，更願意選擇利於休息睡眠的顏色。

另外，白色是百搭的顏色，配合不同風格造型能讓人品味出不同的感覺。

3 依使用者屬性選擇衣櫃

▲ 歐式的淺黃綠衣櫃裝飾精緻的花卉圖案，呈現溫馨、柔美的效果，很適合女性臥室。

臥室的色彩設計會根據住戶的個體情況來打造適合他們的色彩氛圍，衣櫃也是同樣的道理。

女生臥室充滿幻想和夢幻的氛圍，牆角裡乾淨的衣櫃能增加輕柔感，所以色彩傾向於淺暖色系；而男生衣櫃則傾向於展現沉穩、冷峻的冷色或無彩色；居住在主臥裡的夫妻，臥室衣櫃的色彩搭配可以採取暖色系混合冷色系，能搭配出溫馨的感覺；老人房的衣櫃同樣需要以溫馨爲主，不過在選色上不能太豔麗，可選擇懷舊情調的實木衣櫃。當然，選色的前提還是不能脫離臥室的裝修風格。

衣櫃風格速查

簡易衣櫃便捷、實用，並且價格實惠，受到很多年輕租房族的喜愛。

淡綠色木質衣櫃是造型簡約的新古典風格，給人清新、可愛的感覺。

白色的歐式古典衣櫃裝飾金色卷草紋，適合淑女風格的女性臥室。

暗紅色實木外觀搭配金色的金屬合頁、拉環，充滿中式古典韻味。

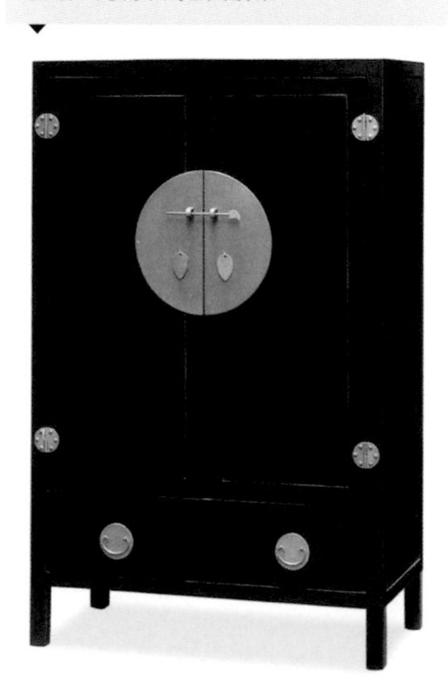

木質衣櫃在櫃門和抽屜正面分別刷上了紅色、中黃色和深灰色，極具張力，適合時尚的現代風格臥室。

造型簡約的亮白色櫃門上裝飾木色的樹林剪影圖案，適合自然、簡約風格的臥室。

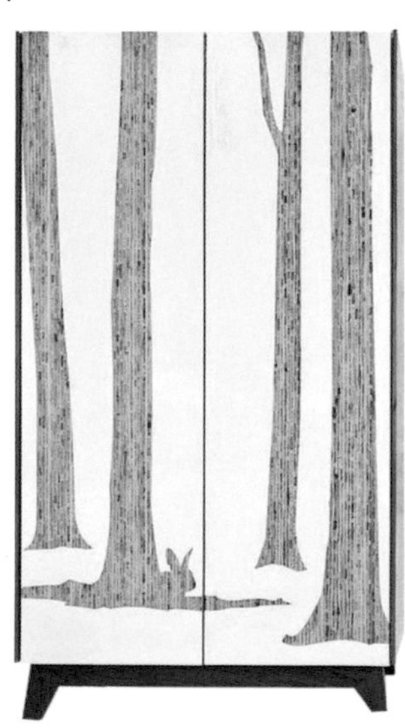

客廳搭配，茶几別選錯了

在現今的居室空間中，有沙發的地方似乎總少不了茶几的身影。尤其在現代客廳裡，一款實用、時尚的茶几與沙發搭配能夠讓客廳成爲極佳的聚會、休閒之地。茶几的風格、款式、材料和樣式變換繁多，如何選擇茶几需要結合沙發的樣式以及客廳的整體風格和布局來共同考慮。

1 茶几與沙發的色彩搭配

▲ 黑色茶几的色彩與地毯、檯燈一致，形成黑色的色彩塊面，與牆面、地板一同襯托出沙發亮麗的色彩，效果和諧。

在色彩上，茶几一定要起到襯托的作用。在符合整體居室風格的基本條件下，不能喧賓奪主，應起到襯托沙發的功能。色彩儘量選擇基礎色，如黑色、白色、灰色和棕色，或者選擇金屬或玻璃材質，百搭且不會影響客廳的配色。茶几的花紋、造型不宜繁複。

另外，還可以透過重複融合的方法選擇茶几色彩：將茶几與電視櫃或沙發靠枕等配角統一爲相同色系，使空間達到整體融合的效果。若實在不好確定茶几選什麼顏色，可以選擇這個穩妥的搭配方式。

2 茶几的布局十分重要

▲ 白色茶几與沙發色彩相同，效果和諧，圓形的外觀增加了日常生活的安全性。

茶几在布置上很有講究。首先，沙發爲客廳主角宜高大，而茶几是配角宜矮小，若茶几面積過大，就是喧賓奪主了；並且客廳的主要功能是會客，茶几過大會拉遠茶几兩邊坐著的人的距離，影響交談氛圍。其次，茶几的擺放位置不可以和大門對沖。最後，茶几的桌面高度要略低於沙發扶手的高度。如果找不到合適的茶几高度，那麼寧可選擇矮點的高度，也不要選擇高的。高茶几不但會阻礙人們的視線，而且不便於人們放置物品。

3 不同材質茶几的選擇

▲ 圖中茶几爲大理石與鐵藝的結合，適宜現代、奢華的空間氛圍。

隨著家具行業的不斷發展，沙發茶几的材質也愈來愈多樣。

簡約的木質茶几給人柔和、自然、樸實的感覺，雕花或拼花的木茶几，則流露出華麗感，較適合古典空間；玻璃茶几具有明澈清新的透明質感，可使整個空間氣氛輕鬆而有朝氣，有擴大空間的效果，適合現代感強的居室氛圍；石質的茶几主要突出自然紋理，讓人感受到一種氣魄和自然美；鐵藝茶几精美、輕盈的造型則給人華麗、高貴的感覺，適合歐式風格的居室或花園休憩空間。

茶几風格速查

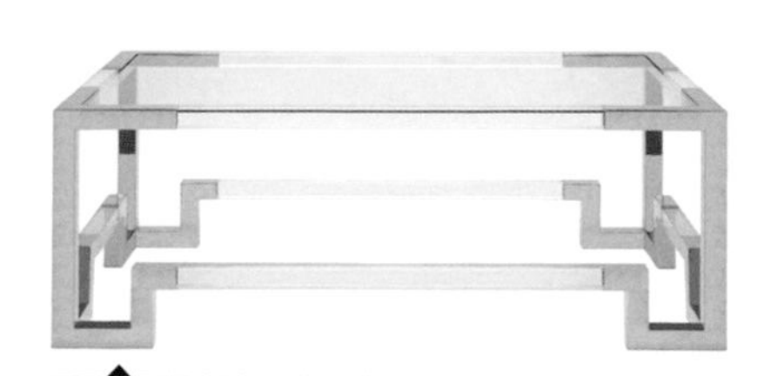

玻璃桌面搭配金色的萬字紋金屬桌腳，透著精緻奢華的古典韻味，適合新中式風格的客廳。

茶几的造型簡約大方，適合現代、時尚的居室風格。

棕色實木茶几的造型精美、復古，是典型的歐式古典風格。

由橙紅色和紫色組成的人造瑪瑙桌面，搭配幾何感強烈的金屬桌腳，風格時尚前衛。

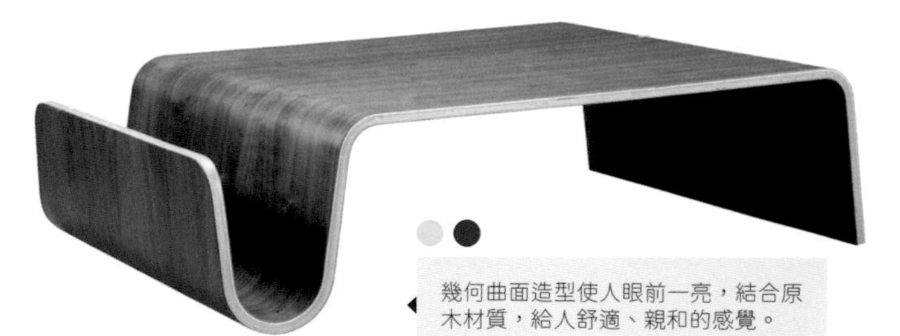

幾何曲面造型使人眼前一亮，結合原木材質，給人舒適、親和的感覺。

茶几不具有色彩傾向，玻璃材質給人輕盈、涼爽的感覺，幾何造型則充滿時尚感。

造型簡約、錯落有致的組合茶几增添了客廳休閒、輕鬆的氛圍。

茶几造型簡約，圓形元素再搭配粉嫩的淺綠色，充滿可愛、清新氣息，適合清新的北歐風居室。

電視櫃，視聽盛宴的舞臺

現今家居都崇尚功能化的簡約設計，如MUJI風格、北歐風格，而過去盛行的電視背景牆繁瑣又無用。很多人在裝修時都會苦惱於電視背景牆應該如何設計，其實簡單的電視櫃也能讓空間煥發活力，不論是裝飾、收納還是展示，多元化設計的電視櫃都能滿足要求。

1 電視櫃的基本樣式

▲ 圖中展示的是矮櫃式電視櫃，造型爲現代簡約風格，儲物性強。電視採用壁掛的方式。

如今的電視櫃根據人們的不同需求大致發展爲以下四種樣式：獨立式電視櫃、矮櫃式電視櫃、組合式電視櫃，以及隱藏式電視櫃。

獨立式電視櫃的優點在於外形小巧，移動方便，很適合小坪數戶型客廳。矮櫃式是最常見的電視櫃形式，樣式繁多，電視機可以壁掛或在桌面擺放，非常靈活。

組合式電視櫃的最大優點是設計精巧和功能多樣，不僅可以安置電視、收納物品，還代替了背景牆起到很好的裝飾作用。

如果客廳還需要其他空間功能，隱藏式電視櫃則可以很好地隱藏電視，方便其他氛圍的營造。

2 什麼色彩的電視櫃最百搭？

▲ 圖中的電視櫃由木質排櫃和木框隔板組成，在暖灰色牆面的襯托下，顯得質樸、溫馨。

在家居配色中，小面積的無彩色和金色、銀色對家居的色彩印象影響並不大，電視櫃作爲客廳的配角，使用上述的色彩自然是非常穩妥的選擇，但建議不要選擇通體都是金色或者銀色的電視櫃，那樣會給人一種冰冷的感覺，影響居室溫馨的氛圍。

另外，棕色或淺木色也是非常百搭的選擇。與暖色牆面搭配時給人溫暖、柔和的感覺；與冷色牆面搭配則具有色相對比，增加色彩張力，給人活潑、好客的印象。

3 打造充滿科技感的視聽區

▲ 黑色的電視櫃裝飾藍色燈帶，在幾何圖案的背景牆襯托下，極具未來感。

對於愛好影音、遊戲的人而言，打造一個充滿科技感的視聽區是非常重要的。

具有科技感的配色中一定少不了無彩色。黑色充滿高端、神祕感，白色則是簡約、純粹的感覺，灰色給人溫和、人性化的印象。這三個色彩應作爲視聽區的主色，來奠定充滿科技感、未來感的格調。其中，有彩色的數量不能超過兩種，儘量選用高純度色彩，如橙色、藍色，在無彩色的襯托下，更具動感。另外，電視櫃和背景牆宜選擇純色或幾何圖案，切忌使用花卉圖案。如果電視櫃自帶燈帶，無疑對表現科技感更有幫助。

電視櫃風格速查

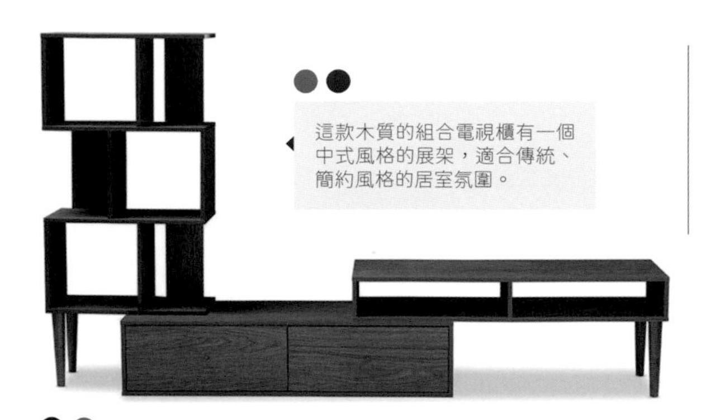

這款木質的組合電視櫃有一個中式風格的展架，適合傳統、簡約風格的居室氛圍。

這款電視櫃的造型簡約大氣，黑色與橙色碰撞出時尚、絢麗的氛圍。

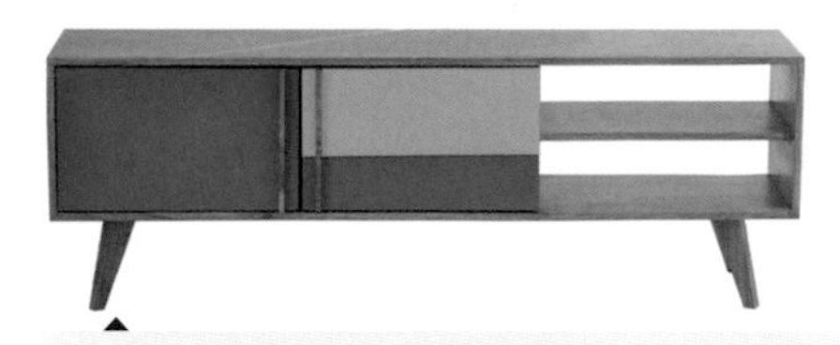

造型簡約的棕色電視櫃搭配冷灰色和草綠色，增加了空間自然、清新的印象，適合現代簡約風格的客廳。

中黃色如陽光一般帶給人愉悅、積極的心情，搭配櫃門格窗的設計，非常適合田園風格的居室風格。

自然的木紋搭配米白色的櫃門，透過其簡約、質樸的造型，散發出自然的氣息，適合現代簡約或MUJI風格的居室。

黑色的金屬電視櫃採用展架的造型，樣式簡約大氣，充滿前衛氣息和科技感。

棕色和白色搭配的亮面木質電視櫃，造型簡約，適合MUJI風格或現代風格的居室。

柔化稜角的布藝

要營造舒適、溫馨的居室空間，布藝是不可或缺的家居陳設元素之一。它柔化了室內空間生硬的線條，賦予居室柔和的格調，或華麗典雅，或自然清新，或浪漫詩意。

豐富空間層次的地毯

地毯在最初只是用於鋪地，起到禦寒和坐臥的作用，後來隨著民族文化和手工技藝的飛速發展，地毯也逐漸發展成爲高級的裝飾品，既有禦寒、防潮的功能，也有美觀、華麗、高貴的觀賞效果。在居室中裝飾地毯可以增加地面的色彩，既可以區分功能區塊，還可以豐富空間的層次感，從而使空間氛圍更精美。

1 客廳地毯搭配技巧

▲ 黑白的乳牛皮毛地毯圖案醒目，突出客廳的重心，渲染出原野牧場的氛圍。

對於客廳，地毯的顏色應該與電視牆、牆面、地板以及家具的顏色先協調。地毯色彩不宜過多，遵循「色不過三」原則。選擇客廳地毯顏色時，要做到有整體的一個對比度。例如黑白色的地毯就非常受歡迎。另外，色彩純度較高的地毯可以增加愉悅的氣氛。

2 臥室地毯搭配技巧

▲ 臥室主要以清新的綠色爲主調，室內綠意盎然，充滿生機，綠色的地毯使人彷彿置身於青青草地，適合春夏季節。

在夏天的時候，天氣比較熱，所以地毯的色彩應儘量選擇冷色調，增加清爽舒適的臥室氛圍，但前提條件是必須和家具相協調；冬天天氣比較冷，地毯色彩優選暖色調，如橙色、棕色，可以營造暖烘烘的感受，並且具有很好的助眠效果。

3 如何選擇地毯的材質

▲ 草織類地毯色彩一般爲材料的本質色，造型簡約質樸，紋理感較強，適合北歐風格或地中海風格。

地毯按照材質可以分爲純毛地毯、混紡地毯、化纖地毯、塑膠地毯和草織類地毯等。純毛地毯可以給人高貴奢華的感覺，能提升房間的奢華氣質；混紡地毯和化纖地毯在色彩和樣式上都非常豐富，有單色、多色、各種圖案或花紋，可依據居室風格進行選擇。

地毯風格速查

繽紛的格子地毯上有將近十種色彩，零散的分布使房間充滿了歡快、愉悅的感受。

灰白色的幾何放射狀地毯，極具現代感，給人前衛時尚的感覺。

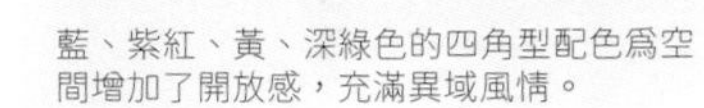

藍、紫紅、黃、深綠色的四角型配色為空間增加了開放感，充滿異域風情。

藍色系的幾何地毯能為空間帶來一絲靜謐與涼爽，適合現代簡約或北歐風格的居室。

地毯由碧綠色過渡到灰白色，與房間裡的其他陳設色彩相協調，使空間充滿了靜謐、開闊的氛圍。

精緻復古的花紋地毯不僅適合歐式古典風格的居室，還能使原本素淨的空間不再單調枯燥。

窗簾，營造不同的情調

窗簾是點綴格調生活空間不可缺少的布藝裝飾之一，是主人品位的展現，也是生活空間的調味劑。選擇合適的窗簾可以裝飾窗戶、房間，保護我們的生活隱私，還可以遮光、減光，調節室內光線。窗簾按造型可以分爲羅馬簾、捲簾、垂直簾和百葉簾等。布藝窗簾在家居生活中應用最廣泛。

1 根據房間來選擇窗簾色彩

▲ 米白色的窗簾柔化了臥室的自然光照，同時不影響臥室的明亮、舒適感。

對於不同的房間需要選擇不同的窗簾顏色。客廳應選擇暖色窗簾，既熱情、親切又豪華；臥室需要良好的休憩氛圍，選擇能營造寧靜氛圍的中性色或淺冷色調爲宜；書房最好使用舒適的綠色；餐廳適合用白色。

窗簾還可以調節自然光照。光線偏暗的房間適宜選擇中性偏冷色調；而採光較好的房間可選擇色彩明度較低的窗簾。

2 窗簾色彩調節房間氛圍

▲ 臥室主要以白色調爲主，加入薑黃色的窗簾，與床上用品協調，使整個空間充滿了冬日暖陽般的舒適感。

窗簾在房間中占有一定的色彩面積，對房間的氛圍有很大影響。窗簾的色彩要與整個居室氛圍相協調，主要在於與牆面、地面以及房間主角的搭配上。比如牆面、家具偏黃色調，窗簾也採用淡黃色，雖然看似和諧，但時間長了，心理上難免會覺得煩悶，可以選擇冷色或中性色來中和。又比如淡湖色牆面搭配白色或香檳粉色窗簾，氛圍柔和、舒適，不會過於偏冷。所以窗簾又起到了調節、緩衝的作用。

3 不同季節選擇不同材質

▲ 輕薄的棉麻材質結合深湖綠色，彷彿森林在呼吸，非常適合悶熱的夏季。

與沙發、餐桌這些家具不同，窗簾具有方便更換的優點。所以應對不同季節，我們可以選擇不同材質的窗簾。春秋季節以厚料冰絲、滌棉等爲主，色澤以中色爲宜；夏季較炎熱，可以用質料輕薄、柔軟透明的紗或綢，主要選擇淺色，營造透氣、涼爽的居室氛圍；冬天則適宜用較厚實、細密的絨布、亞麻布等，色彩以暖重色爲主，可以烘托出厚密溫暖的氣氛。而花布窗簾活潑歡快，四季皆宜。

窗簾風格速查

卡其色的窗簾下裝飾深棕色的五角星圖案，風格可愛，適合兒童臥室。

藍灰色拼接中灰色的絨布窗簾，整體色調較暗，適合風格穩重、幹練的男性居室。

黑白底紋搭配鳳梨圖案，時尚又俏皮，適合時尚前衛或北歐風格的居室。

灰色小型窗簾搭配豎向的綁帶，適合衛浴、廚房等有小尺寸窗戶的房間，給人輕鬆、可愛的感覺。

雙層窗簾主要由紗層和布層組成，可以滿足不同的光照需求；深藍色可增加空間的靜謐感。

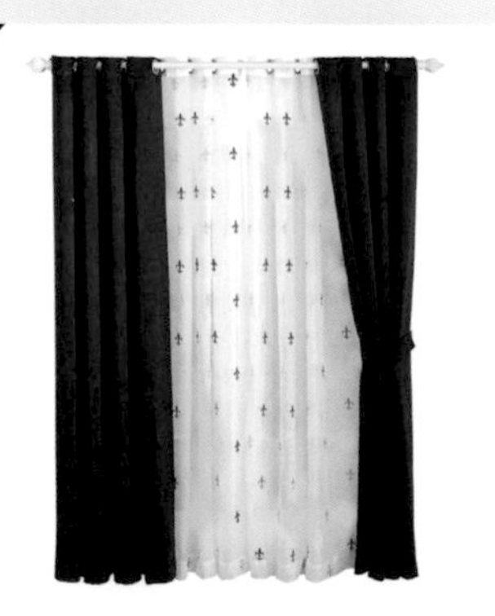

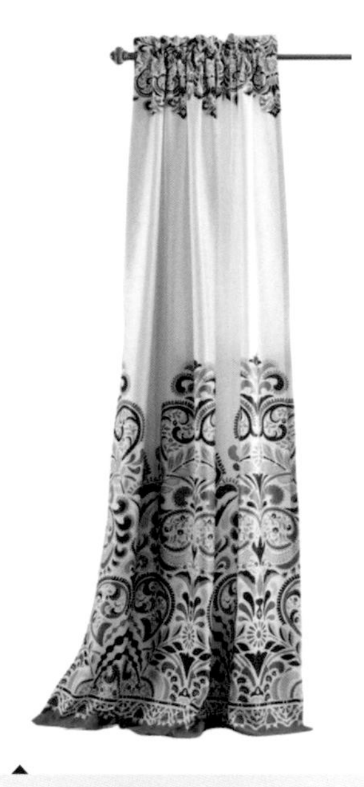

窗簾上精美的紋飾和豐富的色彩為居室增添了一抹亮麗的風景。

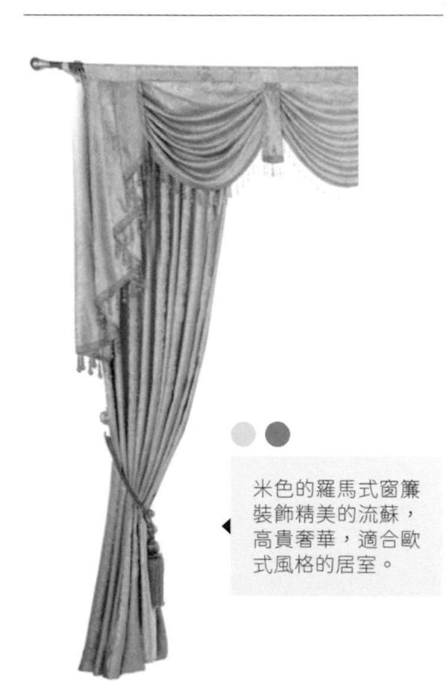

米色的羅馬式窗簾裝飾精美的流蘇，高貴奢華，適合歐式風格的居室。

床上用品是臥室的外衣

臥室是最能體現主人生活素養的房間，而床又是整個臥室的視覺焦點，床上用品（後簡稱「床品」）作爲床的外衣、裝飾，展現出主人的日常生活、愛好、性格特點和品味。床品與我們的休息、睡眠也息息相關，它的色彩、紋飾在無形中影響著我們的心情與健康，那麼我們應該如何選擇適宜的床上用品呢？

1 床品顏色與健康息息相關

▲ 對於患有高血壓、心臟病的人，淡藍色床罩有助於降低血壓，穩定心率。此外，淡藍色還適用於用腦過度的白領一族。

新婚者的居室宜選用鮮豔濃烈的紅色床罩，既爲房間增添喜慶氣氛，同時可刺激神經系統，增強血液循環。但失眠、神經衰弱、心血管病患者不宜使用紅色床罩。情緒不穩容易急躁的人，居室宜用嫩綠色床罩，以舒緩緊張情緒。而金黃色易造成情緒不穩定，患有憂鬱症和躁鬱症的人不宜使用。紫色有安神作用，但其對運動神經和心臟系統有壓制作用，故心臟病患者應愼用紫色床罩。

2 床品與臥室的搭配技巧

▲ 床品選擇了與牆面相似的藏青色，與白色和米色搭配，整個房間顯得寧靜、高雅。

床上用品雖然更換頻繁，但作爲臥室的主角，色彩一定要與整體空間相和諧。

床品選擇臥室主色的鄰近色或類似色，平穩和諧；但不要選擇同色，否則就會混爲一體，缺少層次感，不辨主次。

繁簡搭配的效果也非常好。比如臥室的風格比較複雜，就要選擇簡潔、大方的床品，如純色、條紋、格子之類；繁複的花紋、圖案則會使空間顯得雜亂無章。

3 床品應適應季節與採光

▲ 圖中臥室寬敞明亮，床品爲米色加細緻花紋的歐式風格，使臥室豐滿不顯空曠，色彩溫暖又不過於厚重，適應冬末初春乍暖還寒的氣候。

夏季氣候炎熱，採光較好的居室可以選擇明度較高的冷色系床品，減輕炎熱感；而採光差的臥室建議選擇亮麗色彩的床品來增加活力和開放感。

冬季寒冷，可以選擇明度較低的暖色系床品，增加厚重感，或者選擇色彩鮮豔豐富的大圖案床品，以減弱冬季帶來的蒼涼蕭索。

而春秋季節的選擇面較廣，但要注意採光差的臥室都儘量選擇明度較高的床品，消除陰暗的氛圍。

床上用品風格速查

白色搭配深藍色格紋，給人高貴、嚴謹的感覺，適合歐式古典風格的臥室。

淡黃色搭配淺冷灰幾何圖案，適合北歐風格的清新感臥室。

淺松石色底色搭配橙色的幾何狐狸圖案，給人俏皮可愛的印象。

籃球主題的床上用品創意滿滿，深受男孩們的喜愛。

中灰色的被套簡約大氣，搭配簡約格紋，適合歐式風格或現代簡約風格。

不同樣式的藍色系格紋拼接，給人幹練又輕鬆的感覺，適合男性臥室。

COLOR MATCHING

彰顯個性的家居裝飾品

隨著人們對居家生活品質的要求愈來愈高，室內環境不斷改善，家居裝飾也益發豐富起來。其中，工藝品和裝飾畫是最常見的形式，既能體現屋主的個性審美，又能為居室注入靈魂，使空間氛圍平添幾分生命力和靈性。

PART FIVE

烘托氣氛的工藝品

藝術來源於生活，又高於生活。工藝品作爲人類智慧的結晶，直接體現了人類無窮的創造性和藝術性。工藝品作爲家居裝飾的首選，不僅能夠體現屋主的興趣愛好與審美取向，還能增加室內的生氣與活力，鮮明地體現家居的設計主題，起到畫龍點睛的作用。

1 工藝品的裝飾原則

▲ 圓形和方形的工藝品高低錯落，具有一定的韻律感，提升了房間格調。

在用工藝品裝飾前，一定要注意以下幾點原則：1.不具備裝飾效果的工藝品，和居室風格衝突的工藝品，和本人及家人身分不相符的工藝品不要擺放；2.不要隨意擺放或堆砌工藝品；3.有序的工藝品布置會使空間產生一定的韻律感，工藝品的尺寸、數量、造型、色彩等都會形成不同的節奏。

2 家居工藝品的色彩搭配

▲ 金屬鹿頭裝飾品的色彩與磚牆色彩相近，中間搭配一塊米黃色模板，使裝飾品與磚牆不混爲一體，增加了空間層次感。

工藝品與色彩環境也十分重要。小尺寸的工藝品在整個居室中占有很小面積，選擇鮮豔亮麗的色彩可以起到點亮空間的作用；大尺寸工藝品則需注意與整體色彩環境的協調統一，在增添空間細節的同時，不改變空間的配色結構。背景可採用鏡子或其他色塊，但背景色彩數量不能過多，否則會喧賓奪主。

3 視覺條件決定擺放位置

▲ 圖中的白馬雕塑放置在邊桌上，對於旁邊的沙發椅高度適宜，裝飾效果較理想。

工藝品主要起到觀賞和裝飾的作用，對於不同的房間，工藝品擺放的位置也不同。客廳內工藝品可以放在電視櫃或茶几上，而玄關處工藝品應適當抬高。工藝品擺放應儘量與視線等高。在具體擺設時，色彩鮮亮的，宜放在深色家具上；美麗的卵石、古雅的錢幣等，可放在淺盆低矮處。

工藝品風格速查

兩個造型簡約的瓶組爲淡藍色，與房間色彩相協調；棕色的工藝收藏品色彩與藍色形成對比，增加活躍感，使氛圍不過於冷清，自然的造型和紋理增加了空間格調。

兩個工藝品的色彩十分相似，以棕色系爲主，造型和質感的不同使它們的表現印象有所差異。光面花瓶適合歐式古典風格，另一個工藝品適合粗獷的工業風格。

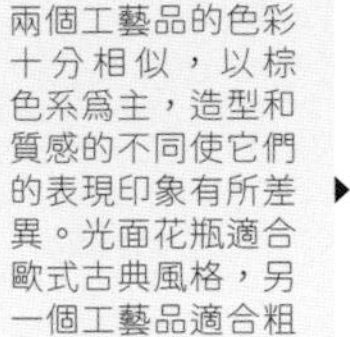

雖然藍色與場景比較融合，但擺飾是可愛的卡通人物，更適合甜美風格的兒童房，與輕奢主義風格場景不搭。

色彩鮮豔的裝飾花瓶能爲黑白灰調的空間帶去活力與歡樂，但將失去原房間的沉穩、格調感，略顯廉價。

瓷象整體白色，可以完美融合進任何風格的房間；青花瓶屬於中式古典風格，而房間風格屬於簡歐風格，不能相互融合。

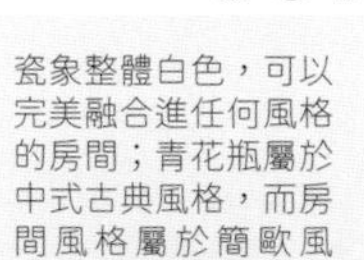

歐式古典風格的電話，泛黃的金屬材質搭配精美繁複的花紋，散發出濃郁的懷舊氣息。

房間爲黑白灰的色調，點綴同色系的工藝品，整個房間呈現沉穩、剛毅的氛圍，極具格調。

裝飾畫是房間色彩印象的「鏡子」

在居室裝修中，裝飾畫對氛圍營造起到立竿見影的效果。一個優秀的家居裝修中，裝飾畫可以是整個居室風格的濃縮影像，從中我們可以看到房間的裝修風格、設計主題甚至色彩印象，它像一面鏡子一樣，直觀地反射出居室的靈魂所在。

1 根據裝修風格選擇裝飾畫

▲ 兩幅裝飾畫的底色與黑白地毯形成呼應，幾何的圖案和簡約的植物標本在水泥牆的襯托下，整個居室展現出北歐風格。

歐式風格的房間適合油畫作品，別墅等高檔住宅可以考慮一些大尺寸的肖像油畫；簡歐式裝修風格的房間可以選擇一些印象派油畫，活潑又不失古典；田園風格的居室則可搭配花卉、風景題材的裝飾畫。

中式裝修風格的房間適合國畫、水彩畫，內容以山水寫意、花鳥魚蟲爲主。

現代簡約風格的房間可以搭配一些抽象的裝飾畫，而時尚風格的房間可以選擇前衛、色彩鮮明的人像畫報，使空間充滿張力。

2 根據牆面色彩選擇裝飾畫

▲ 牆面色彩爲淡綠色，整體色調較淡，選擇有對比色系的無框油畫，使居室色彩更加平衡、協調。

如果牆面是刷的牆漆，色調平淡的牆面宜選擇油畫。而深色或者色調明亮的牆面可選用照片來作爲裝飾畫。如果牆面色彩純度較高，裝飾畫建議有大面積的白底，大方醒目，又增加了空間的通透感。

如果牆面貼的是壁紙，中式風格的壁紙適宜國畫，歐式壁紙則選擇油畫，簡歐風格選擇無框油畫；如果牆面大面積採用了其他材料，則根據材料的特性來選畫。木質材料宜選帶有木質畫框的油畫，金屬等材料可以選擇有銀色金屬畫框的抽象裝飾畫或者印象派油畫。

3 不同區域選擇不同題材

▲ 清新的藍綠色和粉色與寫眞照片進行創意幾何拼貼，非常適合現代簡約或北歐風格的臥室。

裝飾畫擺放的空間也是影響裝飾效果的重要因素。不同空間適宜擺放裝飾畫的題材有很大差別，例如，在客廳擺放一幅水果靜物油畫就會讓人覺得很奇怪。客廳是平常休閒活動與會客的空間，裝飾畫往往會成爲視線焦點。客廳可以選擇風景、動物題材的裝飾畫、攝影照片，或者能使人產生聯想的抽象畫，可以產生一定程度的視覺衝擊力。臥室可以選擇色彩輕柔的裝飾畫或自己的寫眞、畫作。餐廳可以選擇食物題材的裝飾畫，或者能促進食慾的暖色系抽象畫。

裝飾畫風格速查

一套精美的黑白照片組可以用來充實空曠、蒼白的牆面，同時不會影響房間的配色。

細膩精美的動物肖像畫可爲空間帶來一絲不羈和野性。

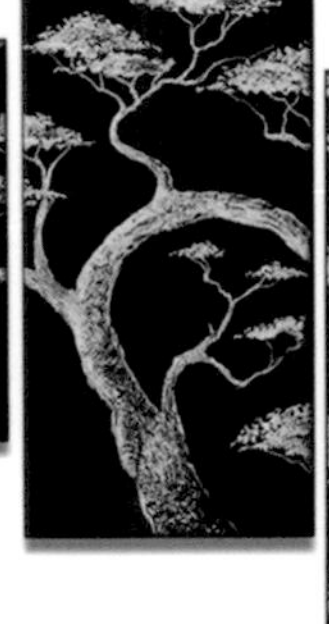
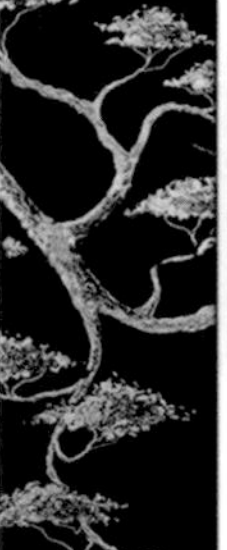

這是一組具有東方古典韻味的不規則裝飾畫，金色和暗紅色搭配，表現出高貴、奢華的居室風格。

抽象、色彩充滿張力的人物肖像油畫，使整個居室充滿了前衛又神祕的氣氛。

灰色和藍綠色系搭配的油畫，裝飾金色的金屬畫框，精緻、優雅。

藍色系的礦石靜物畫搭配淺灰色的畫框，適合現代簡約風的居室。

色彩豐富的抽象無框油畫，搭配現代簡約風格的居室，使整個居室綻放奪目光彩。

滿室溫馨的花藝

花藝指透過一定技術手法將花材排列組合或者搭配，使其變得更加的賞心悅目，讓觀賞者解讀與感悟。
在居室中擺放花藝不僅可以起到裝飾美化的作用，還可以提高生活情趣。

提升格調的插花

花瓶作爲承載花材的容器，就像外衣一樣，與精心搭配的花材一同組成美化居室的插花。在不同的房間中擺放適宜的插花，可爲整個空間增添自然氣息，同時增加空間舒適感。插花的擺放位置可以參考之前講到的工藝品擺放位置，不過要注意不同樣式的插花，其適宜的觀賞面也不同。

1 不同的區域選擇不同插花

▲ 餐廳陳設以木質材料爲主，裝飾一捧鮮豔的橙紅色鬱金香，美觀又促進食慾。

玄關和過道都比較窄小，最好選用簡潔、帶有愉快顏色的插花，花朵不宜過大，以挺直型爲宜，如海芋。臥室是最需要安靜的房間，建議選擇色彩淡雅、無香味的花材。客廳的插花可以豐富些，放在大型檯面上，會顯得非常熱烈。若用來點綴規格較小的茶几、組合櫃等，則優選圓錐形的小型插花。餐廳插花通常放置在餐桌上，鮮豔的色彩可以增加愉悅的氣氛。

2 裝修風格影響插花的搭配

▲ 選擇造型簡約的白色花瓶，再搭配一到兩種花材，烘托簡約淡雅的氛圍。

對於歐式裝修風格的居室，可以選擇精美復古並且帶有鼓腹的花瓶，花材要豐富飽滿。對於中式風格或日式MUJI風格的居室，則應對應選擇東方花藝，以簡化繁，突顯意境美。而現代簡約風格的居室則應選擇同樣風格的插花，要注意色彩的協調。另外，在花材與花瓶的搭配方面，一般來說，以直線條爲主的花適合用瘦長的直身花瓶，大朵的花比較適合用帶有鼓腹的花瓶。

3 插花的色彩組合方式

▲ 採用白色、淺粉色和橙粉色的花材搭配，類似色的色彩組合給人柔和、溫馨的印象。

❶類似色：使用同色系的深淺度不同的花材進行搭配。比如白色、淡藍色、紫色搭配，效果柔和、清新。

❷互補色：比如黃色和紫色、藍色和橙色的組合表現的是一種非常鮮豔的華麗印象。

❸類似色調：各種淺色的同色系花材搭配會給人優雅的印象。

❹近似補色：將紫、藍、紅等類似色與相反色綠色搭配，充滿個性的同時給人華麗的感覺。

插花樣式速查

▲
黃、紅色漸變的彩色海芋採用了柔美的曲線造型，適合裝飾餐廳或衛浴間。

▲
白色主花搭配暗紅色的輔花，在綠葉的襯托下顯得素雅、高貴。

▲
暗紫色的玫瑰給人高貴、神祕的印象，裝點在歐式古典風格的居室會有意想不到的效果。

▲
粉嫩清透的蝴蝶蘭插花可以用來裝飾素雅潔淨的衛浴間。

▲
挺直型的單面觀插花適宜裝飾玄關和過道。粉白色的海芋充滿了可愛、親近感，給人好客的印象。

▲
插花採用四角型配色，色彩豐富，彷彿印象派油畫，給人華麗、愉悅感。

▲
飽滿的小型插花色彩淡雅，適合裝飾在現代風格居室的茶几或立櫃上。

▲
暗紅色的大型花材搭配黃綠色的葉子，給人古典、華貴的印象。

▲
黃色搭配紫色的繡球花花型飽滿，裝飾在客廳給人熱情、華麗的感覺。

渲染氛圍的照明燈具

燈光不僅給我們帶來光明，還為居室帶來不同的感覺。如今人們在家居裝修時，對照明燈具的要求也愈來愈高，不僅要造型別致，還對光照有不同功能的要求。家居照明按照功能可以分為主燈和輔助照明燈。

華麗精美的主燈

主燈承擔著一個房間的主要照明功能，一般安置在房間的中央位置。主燈主要分爲吊燈和吸頂燈。吊燈精美華麗，造型豐富，有單頭和多頭吊燈，後者尤其突出居室的奢華氣魄；吸頂燈造型則簡約精緻，距離天花板更近，燈光溫馨柔和，照明效果優於吊燈，適用範圍更廣。

1 不同場景選擇不同的主燈

▲ 成組的銀色燈罩與地毯結合，在豎向空間上明確了餐廳的主要活動空間。

客廳搭配一款精美的頂燈非常必要。層高較高的客廳宜選擇精緻的多頭吊燈，營造大氣、華麗的氛圍；層高較矮則選擇吸頂燈爲宜。臥室適宜選擇小尺寸吊燈或吸頂燈；餐廳一般與客廳處於同一空間，成組的單頭吊燈能與餐桌椅組成獨立的豎向空間，自然劃分出不同的功能空間；衛浴間和廚房則適宜簡潔小巧的吸頂燈。

2 光照強度與光線角度

▲ 客廳主燈在天花板投射出柔和的光暈，增加了整個空間的溫馨、舒適感。

客廳往往不需要太亮的光線，燈光營造的氛圍更加重要。使用吊燈時需注意上下空間的亮度要均勻，若天花板與下方活動空間的亮度差異過大，會使客廳顯得陰暗壓抑，使人不舒服。層高過低的居室不宜採用華麗的多頭吊燈。另外，挑選主燈時，最好選擇燈罩口向上的吊燈，因爲燈光經過天花板牆面反射後，光線更加柔和舒適。

3 不同風格的燈具

▲ 由模擬放射狀光線的鐵藝組合而成的現代風格吊燈，瞬間成爲客廳空間的視線焦點。

現代風格的燈具追求簡約、另類、時尚，色調上以白色、金屬色爲主，材質多爲金屬、布藝、造型獨特的玻璃等。歐式古典吊燈注重流線造型和色澤上的富麗堂皇，材質多以鐵藝和樹脂爲主；田園風吊燈一般以淺色爲主，常用鐵藝、布藝、樹脂等材質；北歐風的燈具注重功能性和材質感，常用布藝、鐵藝、玻璃等，造型簡約自然。

主燈風格速查

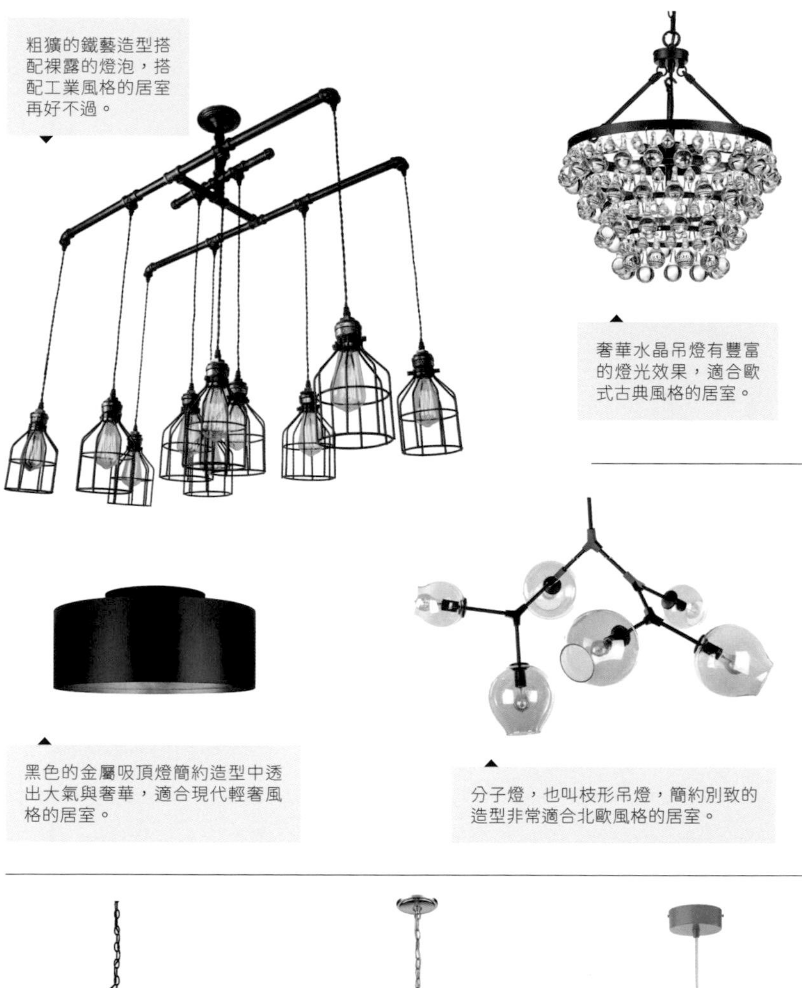

粗獷的鐵藝造型搭配裸露的燈泡，搭配工業風格的居室再好不過。

奢華水晶吊燈有豐富的燈光效果，適合歐式古典風格的居室。

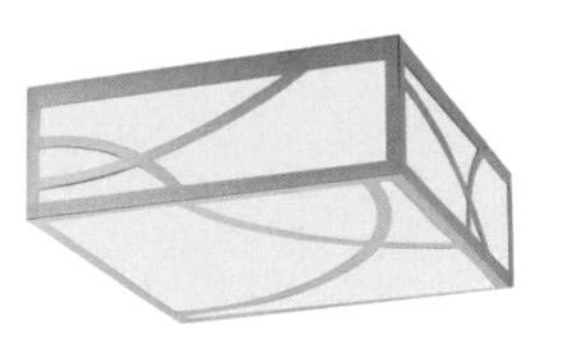

造型簡約的方形吸頂燈適合現代風格或中式風格的居室。

藍綠色的漸變玻璃燈罩彷彿水滴般清澈，適合餐廳用燈，給人清新、潔淨的印象。

黑色的金屬吸頂燈簡約造型中透出大氣與奢華，適合現代輕奢風格的居室。

分子燈，也叫枝形吊燈，簡約別致的造型非常適合北歐風格的居室。

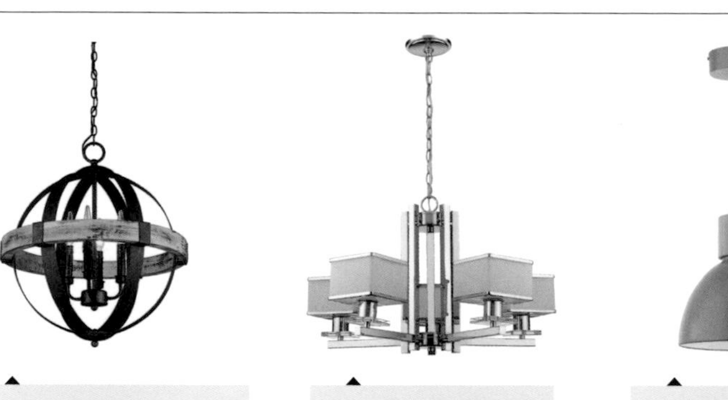

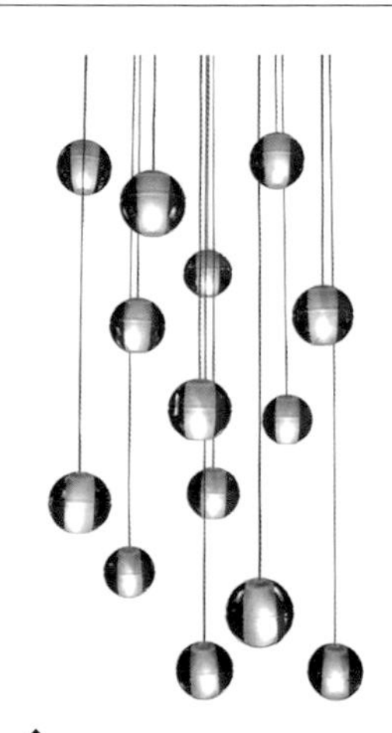

燈罩由木質與鐵藝組成，內部爲燭臺形吊燈，適合工業風格和古典風格的居室。

銀色金屬與樹脂燈罩搭配，造型是現代風格與歐式吊燈的結合。

中灰色的簡約吊燈是餐桌、吧台照明的理想選擇。

玻璃珠簾吊燈的造型精美華麗，有極好的照明、裝飾效果，特別適合層高較高的輕奢主義客廳。

溫馨柔和的輔助照明燈

家居裝飾中常見的輔助照明燈有落地燈、檯燈、壁燈、投射燈、燈帶等。輔助燈光的主要功能爲局部照明和氛圍裝飾，只要透過精心的布置，輔助照明的優勢遠遠大於主燈照明。現今「無主燈」的照明設計在家居中十分流行，以其更細膩、更人性化的光照特點受到廣大室內設計師和業主的喜愛。

1 輔助照明燈各自的特點

▲ 散發暖光的輕奢風格檯燈與臥室的暖色調牆面搭配，營造出溫暖、奢華的空間氛圍。

檯燈和落地燈是客廳、臥室中十分常用的輔助燈具。落地燈分爲上照式和直照式，通常用作局部照明，講求移動的便捷性；檯燈小巧精緻，光照範圍更小也更集中，便於讀書、工作，有很好的裝飾功能和實用性。筒燈和投射燈外形相似，兩者的最大區別在於，筒燈是柔和的軟光源，適合氛圍營造；而投射燈適合局部照明，光線聚攏，有明確的指向性。燈帶一般是暗藏在吊頂、牆面或地面來勾勒空間的輪廓，豐富空間層次；而燈軌隨著工業風的興起，幾乎成爲其標誌性的燈光布置。壁燈則主要用於氛圍營造。

2 不同區域如何使用輔燈

▲ 客廳使用了投射燈和落地燈，豐富的燈光使空間寬敞明亮，直照式落地燈更爲屋主提供了一處休閒閱讀角。

客廳的吊頂或電視背景牆是燈帶、投射燈常常安置的位置。臥室中常用檯燈、落地燈等，既可以滿足梳妝、閱讀、更衣等，又可以創造臥室舒適的空間氛圍；對於經常起夜的人，在床頭安置一個感應式小夜燈也是不錯的選擇。廚房的操作檯由於櫥櫃的遮擋，主燈的幫助並不大，解決方法是在櫥櫃底部安裝燈帶，再狹小、昏暗的空間也會變得寬敞、明亮。衛浴間的照明通常在頂部和檯盆區。對於有浴缸的衛浴間，可以選擇燈帶照明，烘托柔和舒適的氛圍，也防止人在仰頭時刺眼的頂燈燈光對眼睛直射造成的傷害。

輔助照明燈風格速查

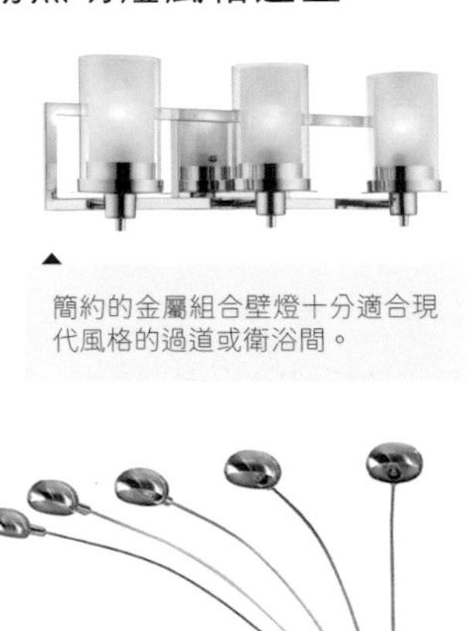

▲ 簡約的金屬組合壁燈十分適合現代風格的過道或衛浴間。

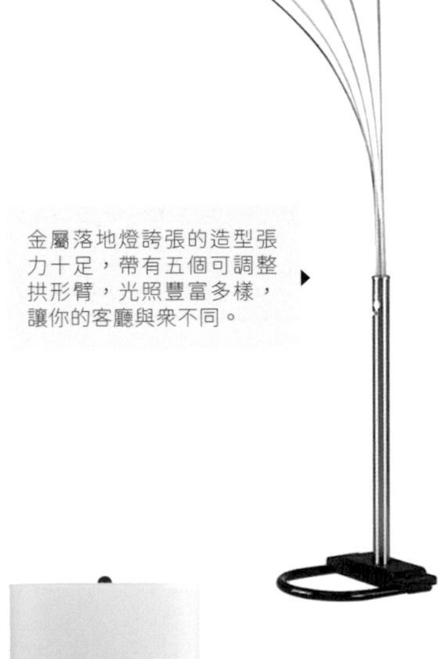

金屬落地燈誇張的造型張力十足，帶有五個可調整拱形臂，光照豐富多樣，讓你的客廳與衆不同。▶

◀ 漸變色的鼓腹花瓶基座搭配簡單的白色燈罩，可增強臥室寧靜的氛圍。

6

PART SIX

不同戶型的配色思路

COLOR MATCHING

COLOR MATCHING

單身公寓≠局促低沉的空間感

單身公寓是很多正處於奮鬥時期的年輕人的住房選擇，優勢地段和經濟實惠是它的優點，但一室一衛的空間面積十分狹小，我們應該如何透過配色來改善這一問題呢？

PART SIX

單身公寓的配色思路

單身公寓又稱白領公寓、青年公寓，是一種過渡型住宅產品。一套單身公寓的平均面積在25～45平方公尺左右，其結構上的最大特點是只有一間房間，一套廚衛，空間很小。在色彩搭配時，要防止色彩過多，儘量不超過三個，並且避免大面積地使用過於飽和的色彩，少用田園碎花、模擬印花等，這些都會使空間顯得擁擠、狹小。所以，想要使小空間顯大，就要儘量營造出明亮、簡約的房間氛圍。

圖中居室主要爲灰白色調，色彩純度低、明度高，不易產牛膨脹感，給人開闊、明亮的感覺。

單身公寓配色要點

❶ 單身公寓的家具色彩儘量採用淺色調或灰色系，明度較高的色彩具有開闊、敞亮的效果。

❷ 牆面儘量採用淺色或白色，具有後退的視覺效果，使空間看起來更加開闊；而深色或純度高的色彩具有前進的效果，會使空間更加狹小。

❸ 加入對比色調，增強色相型，使居室展現活躍、好客的氛圍。要注意的是儘量不要使用全相型配色，配色張力過大會使原本就狹窄的空間顯得更加擁擠、繁雜。

❹ 單身公寓面積較小，最忌諱圍牆隔斷，宜採用透明牆、透明推拉門、簾子或者直接開放式，效果通透，一眼望盡，增加了安全性。

精緻迷你的單身公寓

0-0-0-5
247-247-248

13-28-44-0
231-196-149

5-6-6-0
246-242-239

12-14-15-0
229-220-213

53-6-12-0
123-203-229

亮白色牆面和木色地板營造出柔和、敞亮的空間。

米灰色的布藝沙發搭配同色茶几和淺暖灰地毯，給人柔和、舒適的感覺。

天藍色的沙發靠枕和裝飾畫爲整個居室添加了清爽、寧靜的氣息。

0-0-0-5
247-247-248

0-0-0-20
220-221-221

94-78-0-0
20-67-154

0-0-0-100
0-0-0

亮白色牆面與灰白色地毯、沙發搭配，營造出整潔寬敞的氛圍。

深藍色的床上用品和小擺設在灰白色調的襯托下，給人俐落、果斷的印象。

黑色作爲暗部，豐富了居室細節，增加了層次感、穩定感。

5-19-16-0
245-219-209

22-47-72-0
211-151-81

4-9-11-0
246-236-227

10-16-24-0
236-220-197

暖粉色的牆面奠定了少女、溫柔的空間氛圍；棕色地板增加了溫暖、穩定感。

米白色的家具提高了空間明度，給人純潔、溫柔的印象。

淺駝色的地毯減弱了棕色帶來的厚重感，使居室氛圍更加柔和。

COLOR MATCHING

狹長戶型打造開放空間

好不容易買一套屬於自己的房子，卻在裝修的過程中遇到很多因為自身房型缺陷帶來的阻礙，有的採光不夠好，有的戶型不規則……而相對狹長的空間也是常常碰到的棘手問題。

PART SIX

狹長戶型的配色思路

狹長空間是現在很多小坪數戶型常常遇到的情況。區域狹長，生活通道占用面積過多，使用起來很不方便；自然採光差，光線無法進入到屋內，容易產生陰暗憋悶的感覺。在配色時牆面和地面都選用明亮的色調，可以增加寬敞、開闊的感覺；對於自然採光差的房間，我們可以補充室內照明，選用較爲明媚的色彩來裝點部分牆面，如淺黃綠色、天藍色等，從配色上爲居室帶來陽光明媚的效果。

圖中居室的地板、牆面都選擇白色，搭配米色沙發，營造出明亮、寬敞的氛圍。

狹長戶型的配色要點

❶ 狹長戶型的客廳、餐廳、廚房往往都同處於一個空間中，爲了使空間顯得井然有序，可以透過燈光組或者地毯與地板的色彩對比來劃分每個空間，居室效果整潔又通透。

❷ 爲了減弱空間的狹長感，盡頭的牆面可以選擇高純度或者低明度的前進色，有拉近的效果；兩側的牆面可以選擇高明度、低純度的後退色，在視覺上有拉寬空間的效果，增加寬敞、開闊感。

❸ 一般的狹長戶型由於開窗限制，都會存在採光差、居室環境昏暗的問題，所以配色上選擇淺色調爲宜，還可以增加燈光照明來改善這個問題。

打造自由的開放空間

- 0-0-0-20 220-221-221
- 0-0-0-75 102-100-100
- 4-23-87-0 246-202-38
- 32-79-65-0 190-83-80
- 76-63-38-0 83-99-131

淺灰色和深灰色搭配，前衛幹練。利用家具擺放分隔空間，效果通透。

牆上的裝飾畫在活躍了居室氛圍的同時，也彰顯了居住者的審美品味。

藏藍色的布藝沙發使居室的色調偏冷，與靠枕及整個裝修格局形成呼應。

- 13-28-44-0 226-191-147
- 11-64-68-0 221-120-77
- 0-0-0-50 150-160-160
- 0-0-0-100 0-0-0

表面柔和的木地板搭配磚牆，營造出自然、粗獷的氛圍；電視下的柴木堆更是增添了原野氣息。

中灰色的簡約布藝沙發增加了現代感，使暖色調的房間不顯得悶熱。

黑色的加入使空間層次感更強，增加了工業氛圍，也起到融合統一的作用。

- 4-9-11-0 246-236-227
- 22-47-72-0 211-151-81
- 14-18-31-0 227-212-181
- 52-81-100-27 122-59-18

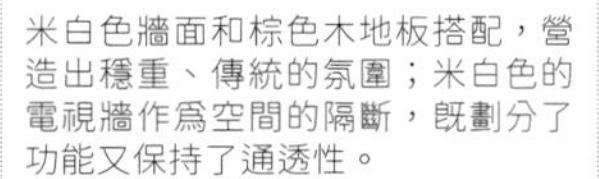

米白色牆面和棕色木地板搭配，營造出穩重、傳統的氛圍；米白色的電視牆作爲空間的隔斷，既劃分了功能又保持了通透性。

淺茶色的L形簡約布藝沙發給人樸實、平和的感覺；深棕色的木質茶几和電視櫃更添平穩、厚重的氛圍。

別墅，可讓你獨享的空間盛宴

在別墅裝修設計中，室內的顏色搭配是很重要的，如果顏色搭配得不好，就會對別墅的整體形象造成嚴重的影響，那麼，別墅顏色搭配怎麼做？

別墅的配色思路

別墅是人類居住的終極理想與最高形式，除「居住」這個住宅的基本功能以外，更主要體現生活品質。別墅戶型在面積上有著顯著的優勢，空間寬敞、開闊，在配色方面有很大的發揮空間，可以嘗試低明度或高純度的色彩來展現獨特的一面，而這些色彩在小坪數戶型中是很難大面積揮灑的；同時也要防止空間過於空曠、寂寥，可以使用具有膨脹、溫暖特性的暖色調，並且減少使用冷色的面積。

圖中居室的自然採光好，並且空間開闊、面積較大，沙發選擇不常用的深紫色點綴綠色靠枕，彷彿將室外的綠意帶入了室內，明媚、優雅。

別墅配色要點

❶ 別墅配色要注意整體和諧統一，可以先確定一個主色調，再從這個色調展開搭配。

❷ 別墅的空間大，色彩的運用可以大膽一些；可以適當增強色相型或加入鄰近色，使空間顯得豐厚、飽滿。增加肌理和圖案也可以增強居室的細節感，使別墅更加精緻。

❸ 豐富、強烈、深重的色彩具有膨脹的效果，適用於面積較大的房間；明亮、淺淡的色彩具有後退感，適用於面積較小的房間。

❹ 不同的空間有著不同的使用功能，色彩的搭配也要隨著功能的差異而做相應變化。比如客廳色彩活潑，給人熱情、好客的印象；餐廳主要用暖色，可以增進食慾。

享受生活的第一居室

- 100-0-20-30 0-129-162
- 83-77-67-44 45-48-55
- 22-47-72-0 206-148-81
- 0-0-0-10 239-239-239

灰白色的牆面和棕色地板營造出溫馨舒適的空間氛圍。別墅較高的層高給人開闊、大氣的感覺。

皮革黑增加了居室的現代感，並且給人收縮的感覺，使空間有緊有鬆。

孔雀藍與棕色爲對比色，增強了居室的色相型，給人愉悅、舒暢的感受。

- 0-0-0-10 239-239-239
- 13-28-44-0 226-191-147
- 0-0-0-100 0-0-0

灰白色的牆面搭配原木色的地板和桌椅，房間氛圍自然、溫和，給人舒適、安然的感覺；居室中色彩數量較少，呈現出的效果簡約大氣。

小面積的黑色裝飾爲居室增加了冷硬、現代的氣息，也使得別墅內部的層次感更強，色彩結構更穩定。

年輕人的寵兒，雙層複式LOFT結構

個性、前衛的廠房、閣樓設計，如今深受年輕人的青睞。其實自從上世紀90年代開始，LOFT在很多國家都開始成為一種藝術時尚，經久不衰……

LOFT的配色思路

LOFT的字面含義爲「在屋頂之下、存放東西的閣樓」。這種當下流行的戶型雖然空間開放，具備流動性和藝術性等優點，但也存在上層低矮、下層所處空間較暗等缺點。在配色時要切記上層色彩要少而乾淨，並且由於上層通常爲休息區，用淺暖色調進行表現，有助於睡眠；採光較好的空間可以適當使用深色或純度較高的色彩，採光差的房間可以增加室內照明來改善昏暗的氛圍。

圖中LOFT的上層空間採光比下層空間差，並且上層爲休息區，所以窗簾、牆面都選擇高明度的灰白色，營造出柔和、明亮的空間氛圍。

LOFT配色要點

❶ 層高較低的LOFT使用豎條紋壁紙，在視覺上可以形成一種拉伸、延長的效果。

❷ 大多數LOFT的二層空間採光較差，這種情況下牆面選擇乾淨的淺色，可以提高整個房間亮度；單層的空間層高很高，並且通常會設置高大的落地窗，採光較好，牆面可以適當使用深色和圖案壁紙。

❸ 對於LOFT來說，連接兩層空間的樓梯也是一大亮點。樓梯的顏色不能與牆面太接近，色彩要對比鮮明，突顯LOFT的藝術特徵。

❹ LOFT更適合俐落、充滿個性的風格。如果使用充滿厚重感的歐式風格，LOFT的狹小戶型則會顯得更加擁擠。

復古工業風的LOFT

● 0-0-0-100 0-0-0
● 19-17-18-0 214-209-204
● 13-28-44-0 226-191-147

木質的餐桌和二層樓板爲飲食區營造出純淨、自然的印象。

灰色的加入使空間不過於沉悶，也體現出工業風的金屬元素。

黑色的皮質沙發與裸露的管道突顯了復古工業風，同時也增加了配色的穩定感。

● 3-6-15-0 249-241-223
● 22-47-72-0 206-148-81
● 52-81-100-27 122-59-18
● 0-0-0-100 0-0-0

斑駁的石灰白牆面與棕色的木地板搭配，渲染出樸素、懷舊的氛圍。

棕紅色的茶几、儲物櫃和皮質沙發爲居室氛圍增添了幾分厚重。

黑色的鐵藝燈具增添了居室的工業氣息，給人果決、嚴謹的印象。

時尚現代的LOFT

0-0-0-5
247-247-248

13-28-44-0
226-191-147

58-69-96-25
112-78-39

0-0-0-100
0-0-0

亮白色的牆面搭配深棕色木地板，營造出穩定、柔和的氛圍。

原木色搭配白色的櫥櫃，展現出明亮、整潔的效果，配上透明的凳子，給人平和、簡約的印象。

黑色的樓梯與白色的牆面形成對比，突顯了旋轉樓梯獨特的造型。

12-14-15-0
229-220-213

71-75-32-0
92-108-140

0-23-87-0
252-205-34

49-34-42-0
146-156-145

淺暖灰色的地板和鴿藍色的牆面、窗簾營造出柔和、靜謐的空間氛圍。

黃色的茶几、座椅爲整個居室增加了活躍、歡快的感受。

裝飾綠植，爲樸素、陳舊的居室環境增加了一絲生命力，給人寧靜、美好的感覺。

COLOR MATCHING

PART SEVEN

不同房間的配色思路

COLOR MATCHING

如何讓你的客廳賞心悅目

客廳是我們日常生活中使用最頻繁的房間，也是從大門進入後的第一個開敞空間。
客廳的色彩印象往往是客人對居住者的家的第一印象……

PART SEVEN

客廳的配色思路

客廳是戶型的中樞，相當於人體的軀幹，是生活的重心所在，一般都占據著重要的採光和觀景面。客廳的主要功能是會客，所以首先要考慮的是，如何運用普遍能接納的色彩進行配色。因此房屋主人要排除一些自己主觀的見解，去思考自己的交際圈普遍的色彩觀念，比如個性不鮮明的中性色，如灰色、米色等就是很好的選擇，再透過工藝品、掛畫等裝飾，來展現屋主的審美品位和生活情趣。

圖中客廳的層高較高、面積較大，採用黑色的牆面減少空間的空曠感，空間整體採用中性色調，營造出奢華、低調的氛圍。

客廳配色要點

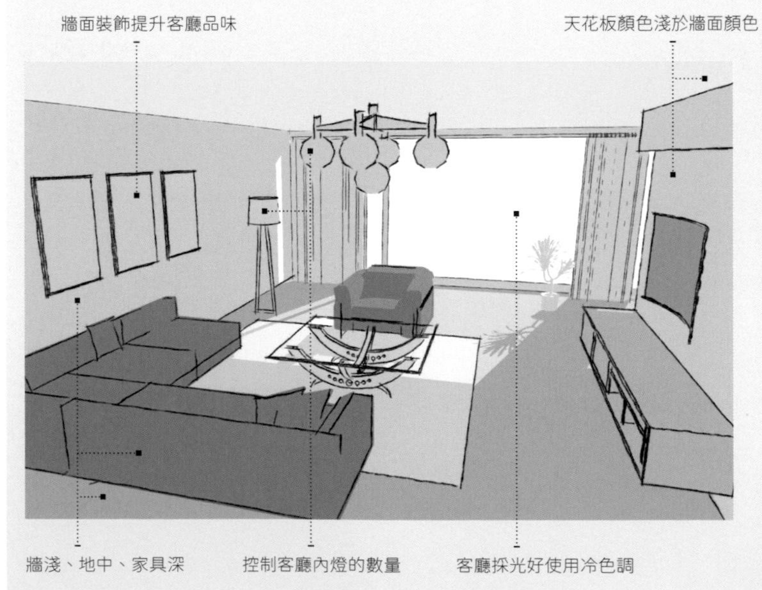

❶ 如果客廳朝南，光照時間長，整體色彩宜選擇灰色調或冷色調；客廳朝北，空間比較灰暗，應選擇明亮色調或暖色調。

❷ 天花板的顏色必須淺於牆面或與牆面同色。在沒有設計師指導的情況下，可遵循「牆淺、地中、家具深」的配色規律。

❸ 如果確定好了牆面顏色，可以添加一些框架鏡子、掛畫或鐵藝牆壁裝飾，豐富客廳細節，提升品味。

❹ 客廳內一般一個頂燈和一個落地燈就可以滿足使用所需了，以簡潔爲好。燈光對氛圍營造影響很大，布置不好會適得其反。

極具時尚感的客廳

0-0-0-20
220-221-221

81-72-68-38
50-58-60

100-0-20-30
0-129-162

18-95-55-0
203-38-80

斑駁的淺灰色牆面和地毯搭配魔力黑的屏風，前衛又復古。

孔雀藍的布藝沙發造型簡約，精緻的白邊搭配孔雀藍，給人高貴、精緻的印象。

裝飾花藝的紫紅色與沙發色彩形成對比，增加了居室的生動感和時尚感。

0-0-0-10
239-239-239

0-0-0-100
0-0-0

22-47-72-0
205-148-80

24-11-6-0
201-216-230

30-0-70-0
194-218-105

黑白牆面在明度和肌理上都有著強烈對比，別具一格。

棕色的木地板爲居室增加了溫暖、柔和的氛圍。

柔和藍和草綠色的點綴提升了客廳的輕盈感，減弱了黑色、棕色帶來的厚重感，對比強烈，充滿張力。

14-13-65-0
235-219-108

10-4-50-0
244-240-153

33-11-7-0
183-212-233

27-85-69-0
201-70-71

中黃色的牆面給人愉悅感，與金屬裝飾畫搭配，充滿精緻感。

淡檸檬色的沙發與牆面和諧，較高的明度使空間不過於油膩。

古典紅與海藍色的沙發椅造型古典優雅，獨特的花紋與紋理增加了空間的細膩感與奢華感。

充滿愉悅感、好客的客廳

0-0-0-5
247-247-248

13-28-44-0
226-193-147

0-0-0-100
0-0-0

3-20-57-0
255-216-124

63-7-34-2
89-180-176

1-29-11-0
251-204-209

亮白色牆面和原木地板營造出柔和、溫暖的氛圍。

黑色的背景牆襯托出淺色沙發，與沙發前的黑白地毯相呼應。

粉色、松石綠和淡黃色的點綴分布於居室各個地方，烘托出歡快、輕盈的氛圍。

18-54-94-0
219-139-26

21-27-63-0
216-189-110

12-11-16-0
230-226-215

72-72-81-45
65-55-43

0-0-0-0
255-255-255

深灰色的地板與白色頂面在明度上形成對比，提升了層高；整個房間處於開放的空間，電視背景牆和沙發背後的櫃子採用深灰色，增強空間圍合感，運用色彩對房間功能做出區分。

橙色的沙發與其他陳設的橙色條紋相呼應，使房間色彩呈現暖色調，與無彩色對比，充滿張力。

18-8-12-0
218-227-226

59-32-57-0
123-154-123

58-68-94-24
112-80-42

52-42-34-0
141-142-151

7-12-76-0
253-228-74

綠色植物圖案的壁紙給整個客廳帶來煥然一新的感覺，充滿了自然生態的氣息。

色彩較深的木地板使空間色彩結構更穩定，同時增加了自然的氣息。

低調的中灰色沙發襯托出明黃色的銳利，為整個居室帶來一抹亮麗的陽光。

COLOR MATCHING

臥室配色不能草率

臥室是家人休息的地方，臥室顏色的選擇能夠直接影響到自己和家人的睡眠品質，還會影響到整個居室的裝修效果。如何搭配臥室顏色才能夠保障自己以及家人的睡眠品質？

PART SEVEN

臥室的配色思路

臥室是我們休息與睡眠的主要場所。首先，臥室的配色不能太亮太豔，這樣的色彩容易使人興奮、緊張，會降低睡眠品質；其次，臥室還要考慮到使用者的屬性，比如兒童房的色彩應該活潑，老人房的色彩則要傳統、穩定，女性臥室色彩應該柔美、優雅，而男性臥室要厚重、冷峻……使用者的年齡和性別都會形成不同的配色需求。

圖中臥室以自然爲主題，綠植和綠色的床罩在明亮、開闊的氛圍下給人清新舒適的感受，棕色系的藤編和木椿使空間柔和、溫暖。

臥室配色要點

❶ 臥室的色彩對比不宜過強，整體色彩以明濁色調爲主。明度較高、純度較低的色彩給人安靜、柔和的感受，不會陰暗沉悶，有助於提高睡眠品質。

❷ 透過小面積的色彩表現使用者的屬性。比如兒童房可以裝飾鮮豔多彩的玩具或床上用品，增加活躍感，但色調依舊保持在舒適、適宜睡眠的柔和色調。

❸ 處在氣候寒冷地區或背陰的臥室適宜偏暖色調，反之則適宜偏冷色調。透過色彩來調節臥室的冷暖感受，增加舒適感。。

❹ 小坪數戶型的臥室建議使用明度較高的單色，顯得空間寬敞；大坪數戶型的臥室可以選擇明度較低的色彩，使燈光下的氛圍更柔和。

小清新臥室

0-0-0-5
247-247-248

13-28-44-0
226-193-147

0-23-87-0
252-204-34

6-26-12-0
241-206-209

亮白色牆面搭配原木地板與同色地毯，營造出舒適、柔和的氛圍。

月亮黃以裝飾畫的形式為空間注入了溫暖、愉悅的氣氛，使整個空間呈現明快的暖色調。

珊瑚粉的被子和靠枕為整個空間增加了專屬女性的柔美氣質。

0-0-0-5
247-248-248

13-28-44-0
226-193-147

0-0-0-20
220-221-221

22-47-72-0
206-148-81

亮白色牆面搭配原木地板，營造出穩定、柔和的空間氛圍。

淺灰色的床上用品給人柔和、舒適的感覺，減弱暖色帶來的悶熱感；綠植也為空間帶來自然、清新的氛圍。

棕色的原木邊桌造型質樸，增加了房間的穩定感，給人舒適、安心的感受。

0-0-0-5
247-247-248

13-28-44-0
226-193-147

0-0-0-100
0-0-0

6-26-12-0
241-206-209

亮白色牆面搭配原木地板，營造出乾淨、柔和的氛圍。

黑色鐵製床架、邊桌、書架等使整個空間充滿了工業氣息，黑色與亮白色形成鮮明對比，給人乾淨、俐落的印象。

珊瑚粉布藝和裝飾畫柔化了黑白色帶來的冰冷感，呈現出獨特的空間效果。

充滿厚重感的臥室

22-47-72-0 206-148-81
12-14-15-0 229-220-213
18-30-56-0 216-183-122
14-64-97-0 226-120-10
0-0-0-100 0-0-0

粗獷的棕色木質牆面、天花板與淺暖灰地毯營造出古樸的氛圍。

淺褐色和金棕色的床上用品爲臥室增添古樸氣息，整個空間給人暖洋洋的感受，特別適合嚴寒地區的臥室配色。

床頭黑色裝飾增加了空間厚重感，減弱了煩悶、枯燥的感受。

0-0-0-5 247-247-248
0-0-0-50 159-160-160
13-28-44-0 226-193-147
11-64-68-0 231-123-78
0-0-0-100 0-0-0

斑駁的水泥牆與磚牆奠定了臥室的粗獷的工業風格。

原木地板減弱了水泥牆面帶來的冰冷感，增加了溫暖、舒適的感受。

磚紅色衝破了水泥牆的厚重感和冰冷感，與同色的床品搭配，使臥室睡眠和休息的氣氛更濃郁一些。

0-15-60-0 254-221-120
12-14-15-0 229-220-213
14-64-97-0 226-120-10
92-77-6-0 31-70-150

茉莉黃具有溫暖、柔和、療癒人心的作用，與淺暖灰地面搭配，營造出放鬆心情、緩解壓力的空間效果。

金棕色的古典木質家具增加了空間的穩定感，給人復古、華麗的感覺，搭配卡布里藍，具有鎮靜、平和的作用。

COLOR MATCHING

享受清新暢快的衛浴體驗

在現代人愈來愈重視居家品質的趨勢之下，衛浴空間不只是洗浴的解讀，必須具有放鬆心情、沉澱心靈的作用，甚至是讓自己更健康的一處空間。

PART SEVEN

衛浴的配色思路

在配色上，衛浴間的色彩應展現清爽俐落的效果。淺冷色調是衛浴間常用色彩，給人潔淨感的同時，也使小面積的空間顯得寬敞。衛浴間也可以使用清晰單純的暖色調，搭配簡單圖案的地磚。由於衛浴設備多數爲白色，材質爲瓷製品，會有冷硬感，使用柔和暖色燈光可以使白色衛浴設備在光照下呈現出偏暖的白色，也使得空間視野更開闊，暖意倍增，而且愈加清雅潔淨，怡心爽神。

圖中衛浴間採用暖色調的配色，整體色彩明亮、飽和，給人積極愉悅的感覺；大面積的白色牆磚營造出潔淨、清爽的氛圍。

衛浴配色要點

❶ 淺色調牆磚、地磚使小面積的衛浴間顯得寬敞。如果空間面積較大，可以使用深色牆磚，但需搭配淺色的腰線，這樣不會過於沉悶，衛浴設備也必須是淺色的，給人尊貴大氣的感覺。

❷ 透過地磚或牆面色彩的不同來對衛浴進行乾濕分區，吊頂則以清爽的淺色爲主，增加空間的整潔感，顯得井井有條。

❸ 洗漱用具或毛巾等小面積色彩可以鮮明活潑一些，帶給人愉悅、輕鬆的感受。

❹ 衛浴間的牆磚、地磚等適宜光亮的冷質材料，如瓷磚、玻璃等。亮面瓷磚有較強的反光，營造清爽感；霧面瓷磚的效果則更加舒適、溫暖。

繽紛多彩的衛浴

0-57-90-0
241-138-30

19-9-58-0
223-223-131

0-0-0-5
247-248-248

整個衛浴採用十分大膽的色彩搭配，甜橙色與淺黃綠色間隔分布，增加節奏感的同時，進行了乾濕分區。並且，甜橙色具有活躍屬性，而淺黃綠色具有清爽感，兩色搭配，讓每個清晨都變得活力滿滿。

亮白色的衛浴設備與毛巾爲整個空間增加了通透感，對比強烈，給人潔淨、爽朗的感受。

0-0-0-5
247-247-248

11-64-68-0
231-123-78

4-23-87-0
255-209-23

14-64-97-0
226-120-10

亮白色瓷磚搭配海藍色的馬賽克牆磚，給人乾淨、清爽的感覺。

月亮黃的加入爲空間帶來一絲活力，與藍色搭配有放鬆的效果。

金棕色的地毯爲空間增加了穩定感，作爲月亮黃的鄰近色，使空間層次豐富。

潔淨素雅的衛浴

0-0-0-5
247-247-248

28-31-37-0
196-179-158

29-18-11-0
191-200-213

衛浴採光良好，亮白色的牆面和浴缸使空間更加潔淨、明亮。

暖灰色的木紋地板和立櫃增加了溫暖、舒適的感受。

藍灰色的紋理牆面增加了寧靜的房間效果，使人心情放鬆、壓力緩解。

12-14-15-0
229-220-213

28-31-37-0
196-179-158

58-69-96-25
112-78-39

0-0-0-5
247-247-248

淺暖灰和暖灰色的霧光釉面磚營造出素雅、溫暖的氛圍，並且突顯了衛浴的乾濕分區。

栗色的浴缸外殼增加了穩定感，並且增強了溫暖的感受。

亮白色的衛浴設備增加了空間的通透感，與燈光和採光相呼應，空間明媚、寬敞。

78-73-24-0
82-83-142

0-0-0-5
247-247-248

24-11-5-0
203-218-233

星空藍的亮面瓷磚爲整個空間帶來了神祕、靜謐的氛圍。

亮白色的衛浴設備與牆面色彩對比鮮明，給人乾淨、俐落的感受。

柔和藍的窗簾將燥熱的陽光過濾，在空間中投下明亮、清爽的光線。

COLOR MATCHING

打造你夢想中的廚房

飲食源自廚房，健康也來自廚房。廚房是人類健康生活的基地，是生活不可或缺的一部分。
輕鬆而舒適的廚房環境可以使我們心情愉悅，做出更加美味可口的食物。

PART SEVEN

廚房的配色思路

要構造一個好的廚房環境不僅要有好的空間格局，更要有好的裝修元素，而廚房的色彩搭配是其中重要的元素之一。廚房環境若有良好的色彩搭配，能增加居住者烹飪的情趣，提升生活品質。廚房配色以暖色系爲最佳，與冷色系相比，暖色更能帶給人積極、樂觀的情緒，投射到食物上也會給人健康的印象。廚房牆面、地面、櫥櫃色彩上儘量不要對比太強，以免使人緊張，而柔和的配色則給人舒適、愜意的感受，讓人沉浸在烹飪美食的過程中。

白色的簡約櫥櫃以淡紫色牆面爲背景，在暖光下呈現出乾淨、舒適的效果，同時暖光與白色的操作檯也使食物更加美觀。

廚房配色要點

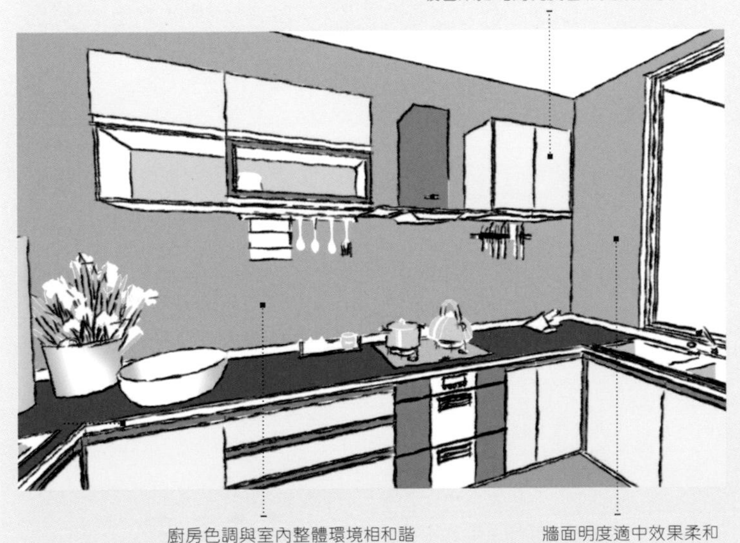

❶ 廚房色調與室內整體環境的色調應相和諧。如果整體環境比較明亮，那麼在廚房顏色的選擇上也要明亮些，如果整體環境都是深色系的，那麼廚房顏色則適合以明度適中的中性色爲主，這樣色差感不會太強烈，並且整體上會更美觀，還會給人溫和舒適的感覺。

❷ 廚房配色以簡爲宜，色彩數量儘量不超過三種。淺暖色系牆面搭配高純度色彩的櫥櫃，給人健康、美味的感覺，增加烹飪情趣。冷色調牆面可以搭配白色櫥櫃，突顯乾淨、整潔的氛圍。

❸ 牆面的色彩明度則以適中明度爲宜，過高或過低，都會與廚房的用具產生強烈對比，視覺感受容易緊張而不舒服。

田園風格的廚房

0-0-0-5 247-247-248
28-31-37-0 196-179-158
22-47-72-0 206-148-81
0-0-0-20 220-221-221

亮白色與暖灰色的仿古地磚搭配，營造出素雅、穩定的氛圍。

廚房面積較大，棕色木質的櫥櫃使空間豐滿的同時，給人質樸、溫暖、親近自然的感覺。

淺灰色的石製檯面豐富了廚房細節，突出廚房的主要操作位置。

0-0-0-10 239-239-239
22-47-72-0 206-148-81
58-69-96-25 112-78-39
4-9-11-0 246-236-227

灰白色歐式櫥櫃搭配棕色木地板，營造出溫和的田園風情。

栗色的餐桌突顯出廚房中心，增加了空間穩定感；同色的碎花地毯和窗簾，烘托出恬靜的田園風格。

米白色的斜格磚牆為整個居室撒上淡淡的黃色，親和力倍增。

0-0-0-10 239-239-239
0-0-0-75 102-100-100
5-29-50-0 247-199-137
42-6-27-0 162-210-200

灰白色牆面與深灰色地磚營造出清爽、乾淨的廚房環境。

暖木色的櫥櫃提亮了整個空間，使廚房呈現出明快、輕鬆、溫馨的色彩氛圍，極大地提升了烹飪情趣。

淺松石色的背景牆磚與木色搭配，具有療癒人心、緩解壓力的作用。

現代簡約風格的廚房

0-0-0-5
247-247-248

28-31-37-0
196-179-158

14-18-31-0
227-212-181

0-0-0-100
0-0-0

櫥櫃採用亮白色與暖灰色搭配，光亮材質與霧面材質碰撞出別具一格的效果。

淺駝色的抽煙管透過金屬材質展現出香檳般的色澤，低調奢華。

黑色的裝飾畫框增加了冷峻、俐落的氛圍，突顯現代簡約的風格。

4-9-11-0
246-236-227

25-6-83-0
205-213-67

0-0-0-75
102-100-100

13-28-44-0
226-193-147

廚房採光較好，米白色與黃綠色搭配的牆面在陽光下青翠欲滴，給人溫暖又清新的感覺。

深灰色的櫥櫃造型簡約，與不銹鋼色澤搭配，給人幹練、俐落的感覺。

木色的邊桌增加了廚房的親和感，與綠色搭配出生態健康的感覺。

0-0-0-5
247-247-248

12-14-15-0
229-220-213

0-0-0-100
0-0-0

13-28-44-0
226-193-147

廚房採光良好，亮白色牆面搭配淺暖灰的地板，給人乾淨、素雅的印象。

光亮的黑色瓷磚與白色邊線對比強烈，稜角分明，充滿現代感。

原木色的餐桌柔化了黑色的冷峻感，給人舒適、愜意的感受。

讓餐廳也留住你的胃！

餐廳的色彩搭配會影響到居住者的用餐心情，也會對食物的品相造成很大影響。因此，擁有一個賞心悅目的就餐環境能夠極大地提升我們的生活品質。那麼應該如何搭配色彩，讓餐廳也留住你的胃呢？

餐廳的配色思路

餐廳是用餐的地方，通常使用明度高且較爲活潑的暖色，能增進食慾，也可使用偏暖調的中性色，給人乾淨、清潔的印象，也最容易被人接受，因此暖色系配色是很好的方案。同時餐廳也要配上一套坐起來舒適、色彩又鮮明素雅的餐桌，才稱得上完整。餐桌的色彩可以選擇原木色或高明度色彩，可以更好地襯托食物，也適合現代人的生活習慣。冷色不適合大面積用在餐廳配色上，特別是藍色，會讓食物蒙上不健康的色彩，所以冷色系要愼用。

圖中餐廳使用了大面積暗紅色，與棕紅色的古典木質家具搭配，營造出熱情、古典的氛圍；經典的紅白配也表現出高貴、大氣的感覺。

餐廳配色要點

以明朗輕快的色調爲主

採用暖色調燈光增加美食吸引力

天花板顏色淺於牆面顏色

以明朗輕快的色調爲主

橙色系增進食慾

❶ 大多數情況下，餐廳與客廳處於同一空間，所以餐廳的配色要與客廳相協調；當餐廳爲獨立空間時，色彩選擇就很多了，以暖色調爲宜。

❷ 餐廳色彩宜以明朗輕快的色調爲主，最適合的是橙色以及相同色調的近似色，它們不僅能給人以溫馨感，而且能增進食慾。

❸ 天花板的色彩應該淺於地面色彩，穩定的空間氛圍不會給人壓迫感，讓人可以安心享用美食。

❹ 餐廳宜採用低色溫的LED燈，這種燈是漫射光，不刺眼，光感自然，較親切柔和；而色溫高的燈光偏冷色，會降低食物的美觀性和吸引力，應儘量避免使用，以免造成不健康的印象。

增進食慾的餐廳

0-0-0-5
247-247-248

74-87-44-7
95-58-101

4-32-87-0
253-192-30

0-15-60-0
254-221-120

亮白色與暗紫色搭配，表現出高貴、典雅的效果。

橙黃色的亮面木質餐桌使整個餐廳彷彿沐浴在陽光下，充滿生機。

茉莉黃色的坐凳與暗紫色互補，對比強烈，效果生動，暖色調的氛圍下使人食慾大增。

14-18-31-0
227-212-181

0-0-0-5
247-247-248

14-64-97-0
226-120-10

13-28-44-0
226-193-147

淺茶色的磚牆、木地板與亮白色百葉窗搭配，營造出低調奢華的氛圍。

金棕色的地毯和椅子點燃了整個空間氛圍，充滿吸引力。

木色的餐桌平和了金棕色帶來的燥熱感，氛圍穩定、愉悅、充滿親切感。

精緻典雅的餐廳

0-0-10-20
221-220-207

28-31-37-0
196-179-158

58-69-96-25
112-78-39

24-11-5-0
203-218-233

銀樺色的牆面搭配暖灰色的大理石地板，呈現典雅、華貴的氛圍。

栗色的原木餐桌充滿了厚重、古典的氣息，整個餐廳表達出歐式古典風格，精緻浪漫。

柔和藍的桌旗與餐墊增加了精緻感，藍色系與棕色系搭配有鎮靜作用。

0-0-0-5
247-247-248

14-18-31-0
227-212-181

0-0-0-100
0-0-0

11-83-36-0
230-75-115

亮白色牆面搭配淺茶色大理石地面，營造出大氣、柔和、穩定的餐廳氛圍。

黑色具有莊嚴、厚重感，增加了高級、神祕的氛圍，提升了整個餐廳的格調。

精緻的寶石紅色繡花桌旗豐富了餐廳的色彩和細節，充滿高貴、典雅的氣氛。

COLOR MATCHING

家庭工作間，小角落藏大世界

家庭工作間能體現出一個人的個性與品位。擁有一間簡約、舒適、溫馨的家庭工作間，工作時可全身心投入，提高工作效率，勞累時可以倚在籐椅上聽聽音樂、看看小說，十分愜意。

PART SEVEN

工作間的配色思路

如今愈來愈多的人選擇在家工作，所以設置一個簡約、溫馨的家庭工作間很有必要，它可以讓我們在舒適的環境下享受高效的工作。當打造專屬自己的家庭工作間時，色彩營造的環境氛圍應該是舒適、寧靜但不過於放鬆的，可以嘗試使用藍色系或棕色系爲主色調，這兩種色系都有很好的調節情緒的功能；一些色彩豐富的裝飾擺件或充滿生機的綠色盆栽，也能減少工作時產生的枯燥感，放鬆我們的身心，以最好的狀態面對工作。

圖中的家庭工作間主要以深灰色與棕色搭配，營造出柔和、平靜的空間氛圍；加入綠色和白色，空間充滿了清新、自然的通透感。

工作間配色要點

❶ 家庭工作間可以使用藍色系或棕色系爲主色調，藍色可增強工作者的思考及決斷能力，提高創造力，而淺棕色不僅可以安撫情緒，還透出淡淡的奢華感。

❷ 房間採光不好的條件下，不建議大面積使用藍色，會給人陰冷、憂鬱的感覺。

❸ 適當點綴高亮度的暖色可以振奮精神，給人充滿活力的感覺。

❹ 也可以用清新的綠色作爲牆面主打色，因爲綠色能緩解視覺疲勞。

❺ 放置綠植或小飾品，淨化空氣，緩解壓力，增加情趣。

輕鬆舒適的工作間

- 81-72-68-38 51-58-60
- 0-0-0-5 247-248-248
- 13-28-44-0 226-193-147
- 22-47-72-0 206-148-81
- 0-15-60-0 254-221-120

亮白色牆面搭配原木地板，效果柔和、明亮，再加入魔力黑的背景牆和黑白配的地毯，整個工作間呈現出爽朗、舒適的北歐風格。

棕色的木桌和書櫃增加了空間的舒適感和質樸感，柔和的色調讓人心情舒暢、壓力緩解。

點綴一抹明亮的茉莉黃，振奮精神的同時可以使心情愉悅。

- 0-0-0-5 247-248-248
- 12-14-15-0 229-220-213
- 0-0-0-100 34-24-21
- 13-28-44-0 226-193-147
- 42-6-27-0 162-210-200

工作間採光良好，亮白色牆面搭配淺暖灰地面使整個空間明亮、開闊。

在亮白色的襯托下，黑色突顯出家具的線條造型，給人果斷、幹練的印象。

淺松石色搭配原木色，烘托出寧靜、舒適的氛圍，具有安撫情緒的作用；放置幾盆綠植，淨化空氣的同時給人生機勃勃的印象。

PART EIGHT

搭出家的一萬種可能

COLOR MATCHING

讓你怦然心動的家居印象氛圍

同一色相經過屬性上的變化就可以得到無數種不同的色彩，這些色彩相互搭配又可以得到無數種不同的風格印象，你的家是哪種色彩印象呢？

讓你活力滿滿的家居色彩印象

配色思路

活力初夏

初夏充滿了清新與活力。客廳中橙黃色的牆面好似夏日驕陽，陽光下花草樹木都閃爍著各自的光彩。

橙黃色牆面和淺褐色地板奠定了房間暖色的基調，讓這個涼夏多了幾分愜意與活力。

米灰色的地毯和桌椅緩和了橙黃色的燥熱，給人舒適的視覺感受。

潛水藍的吊燈和碗筷為整個居室帶來一絲夏日的冰涼，給人清爽、暢快的感覺。

4-32-87-0
253-192-30

18-30-56-0
216-183-122

5-6-6-0
246-242-239

72-0-9-0
0-183-224

香橙誘惑

房間整體色彩以橙色爲基調，且橙色的純度較高，搭配純度較低的暖灰色沙發、地毯，對比鮮明，像香橙散發出的香味一樣，讓人愉快、充滿活力。

甜橙色具有開朗的心理性質，牆面大面積地運用橙色，營造出熱情開朗的氛圍。

暖灰色的沙發和地毯消除了部分橙色帶來的燥熱感。

沙發靠枕的色彩和花紋增加了房間的細節感，其中藍色條紋與橙色對比強烈，增加了愉悅感，使氛圍不沉悶。

0-57-90-0
252-141-12

28-31-37-0
196-179-158

52-81-100-27
122-59-18

72-0-9-0
0-183-224

配色禁忌

冷色過多或只使用暖色

想要營造充滿活力的氛圍，橙色系是必不可少的。當我們大面積使用橙色時，可以適當加入一些冷色系或中性色。

加入冷色可以增加配色張力，但冷色使用過多時，則會失去活力和休閒的氛圍。

只使用暖色易給人燥熱、煩悶的感覺。

配色思路

女性鍾愛的夢幻優雅氛圍

5-8-7-0
244-238-236

71-57-32-0
94-111-144

6-26-12-0
241-206-209

41-60-40-0
170-118-128

冬日夢境

在瑞雪初晴的香檳粉襯托下，剛中帶柔的鴿藍色遇上唯美內斂的珊瑚粉，上演了一場水泥叢林中的冬日夢境。

香檳粉的地板爲整個空間帶來一絲輕盈，如同窗邊的薄紗般細膩輕柔。

牆面的鴿藍色具備強烈的都市氣質，營造出高級、典雅的氛圍。

珊瑚粉和紫褐色的床上用品是臥室的焦點，具備女性特徵的粉色系柔化了整個居室氛圍，營造出夢幻優雅的冬日夢境。

配色思路

玉蘭之夜

寶石紅色彩的玉蘭花在晚風中搖曳著俏麗的身姿，奔放又不失大度，雍榮華貴又不失端莊大方。暗香浮動，十里芬芳，吸引著行人駐足欣賞。

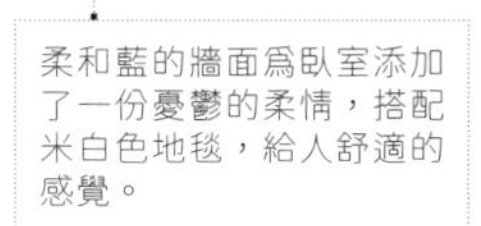

柔和藍的牆面爲臥室添加了一份憂鬱的柔情，搭配米白色地毯，給人舒適的感覺。

床上用品以藕荷色爲主，營造出夢幻典雅的氛圍。

綻放紅寶石般光芒的玉蘭花牆繪是臥室的點睛之筆，描繪出一幅浪漫的畫卷，爲臥室增添了優雅的氛圍。

寶石紅

藕荷色

柔和藍

米白色

24-11-6-0
203-218-233

4-9-11-0
246-236-227

30-57-25-0
194-132-155

11-83-36-0
230-75-115

配色禁忌

色彩過於鮮豔

想要表現優雅、夢幻的氛圍，切忌使用過於鮮豔的色彩。色彩過於鮮豔則會給人興奮、刺激感，失去了朦朧的美感。

缺少粉色或紫色，沒有夢幻感，並且過多的藍色顯得冷硬、理性。

若色彩過於豔麗，則會失去高檔的感覺，變得濃豔、俗氣。

輕鬆健康的減壓配色

沙洲甘泉

房間整體爲北歐風格，餐廳的藍牆與連續排列的六邊形木質裝飾增加了整個居室氛圍的張力，如同沙漠中的一灘碧綠湖水，讓人驚喜不已。

灰白色的大環境奠定了簡約、柔和的基調，給人明亮開闊的感覺。

餐廳蔚藍色的背景牆與棕色的牆面幾何裝飾搭配，增加了空間的愉悅感。

北歐風格的木色家具在灰白色的背景襯托下，展現出自然、純淨的效果。

配色思路

- 0-0-0-10 239-239-239
- 80-43-3-0 30-131-203
- 13-28-44-0 226-193-147
- 22-47-72-0 206-148-81

海上魚躍

臥室使用了大面積的藍色，讓人聯想到一望無際的蔚藍大海，而點綴的活力橙如同躍出海面的魚兒，與浪花奏出一曲海上交響曲。

牆面使用了明媚的天藍色，與白色搭配讓人聯想到奔跑的浪花。

淺駝色的床上用品搭配淺藍色的被套，舒適的配色可以提高睡眠品質。

卡布里藍和活力橙在臥室中起點綴作用，作爲重色使空間充滿層次感；且兩色爲互補色，使房間充滿愉悅感。

53-6-12-0
123-203-229

10-16-24-0
236-220-197

92-77-6-0
122-59-18

2-81-98-0
244-81-2

配色禁忌

色調單一，效果枯燥

居室中出現多種色調，使房間充滿了韻律感和新鮮感，而色調單一則會使氛圍枯燥，很難營造減壓氛圍。

整體配色色調單一，並且淡弱的色調效果平庸，缺少新鮮感，給人消極的情緒。

僅是單一的純色調，效果過於活潑，給人緊張的感覺。

溫馨寧靜的家園環境

- 28-16-45-0 200-204-156
- 22-47-72-0 206-148-81
- 13-28-44-0 226-193-147
- 0-57-90-0 252-141-12

柑橘之夏

在柔和溫雅的棕色系襯托下，象徵莽莽綠意的淺橄欖綠和清爽甘甜的甜橙色搭配，描繪出一幅平和寧靜的夏季鄉村畫卷。

淺橄欖綠的牆面點綴樹影牆繪，恰到好處地營造出清新、靜謐的氛圍。

木色家具和棕色地毯色調柔和，增加了臥室自然淳樸的氛圍，提升了房間的舒適感。

甜橙色作爲點綴突顯了床的主角地位，是整個房間的亮點。整個空間層次分明，給人愉悅、清爽的感覺。

配色思路

配色思路

寧靜致遠

世界之大，無奇不有，驚喜多，煩擾也多。客廳採用淺暖灰和冰川灰搭配，設計簡約，讓人感受到繁華褪盡後的生活本真，方能體會寧靜得以致遠的心境。

冰川灰的窗簾爲客廳帶來清爽、寧靜的冷光，使暖色調的室內陳設不顯得煩悶。

淺暖灰色的布藝沙發給人舒適、溫暖的感受，與木色茶几色調靠近，呈現柔和的效果。

茶几上點綴中性偏暖的綠植，爲整個寧靜氛圍的臥室添上了一抹生機。

13-8-6-0
227-230-235

12-14-15-0
229-220-213

13-28-44-0
231-196-149

54-33-100-0
137-150-41

配色禁忌

色調偏冷、色彩厚重

溫馨氛圍的居室中可以適當使用冷色，但整體色調必須是暖色調；避免大面積使用厚重色彩，否則會失去輕盈感。

冷色調的配色給人清涼、理智的感覺，不能營造出溫馨的氛圍。

適當加入厚重的色彩有穩定的效果，如果比重過大，氛圍會變得嚴肅、沉重。

點燃家的自然綠焰

配色思路

配色禁忌

過多使用純色、深色

當我們打造自然清新的居室時，應使用明度較高、純度適中的色彩，避免使用大面積的純色、深色。

大量使用純色往往會表現出科技感和未來感，缺乏自然、清新的感覺。

深色給人壓迫感，過多使用深色會使氛圍的清新感減少。

19-9-58-0
223-223-131

34-12-61-0
189-206-123

13-28-44-0
226-193-147

5-3-12-0
246-245-231

清新木舍

炎熱的夏季，躲在綠意盎然的明媚木舍裡，伴著窗外蟬鳴鳥叫，烹飪一道小菜或是品一壺茶。貓咪興奮地在腳邊打轉，也在期待著它的下午茶時光。

牆面色彩從淺黃綠到淺草綠的過渡搭配，給人生機感的同時，使房間氛圍更平穩、靜謐。

木色家具在綠色牆面的襯托下，更加溫潤柔和，讓人聯想到茂密的叢林。

米灰色明度靠近白色，增加了房間的通透感。

城市綠洲

現代都市四處彌漫著冷硬的金屬氣息，人們對大自然的渴望愈發強烈。透過棕色系色彩和盆栽、園藝的搭配，我們也可以打造出一個專屬自己的城市綠洲。

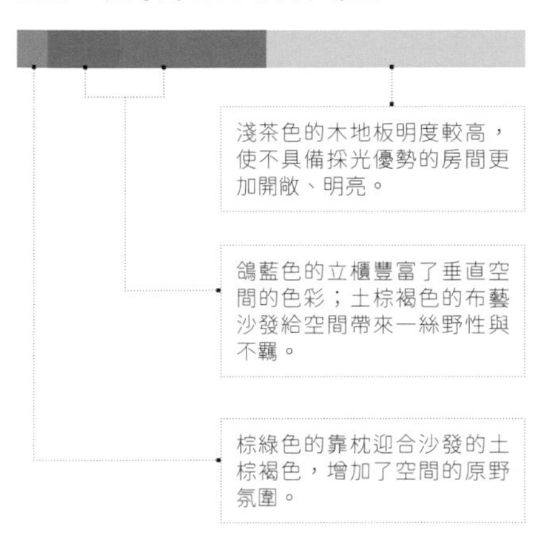

配色思路

14-18-31-0
227-212-181

47-56-81-2
157-121-69

71-57-32-0
94-111-144

48-43-100-0
156-142-35

幾何與色彩的激情碰撞

配色禁忌

色彩數量過多

色彩數量愈少愈能體現設計感。黑白是突顯幾何造型的最佳色彩。

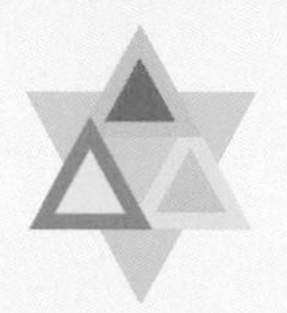

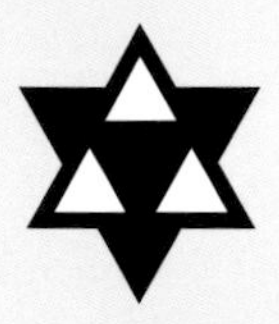

如果採用全相型配色，注意力會向色彩轉移，則無法感受到幾何的幹練感和科技感。

- 0-0-0-10 239-239-239
- 0-0-0-100 0-0-0
- 13-28-44-0 226-193-147
- 0-23-87-0 252-204-34

月球漫步

色彩與幾何互不讓步，在同一個空間中各自綻放異彩；月亮黃與黑白幾何激烈碰撞，在規則和刻板中覓得屬於自己的白月光。

灰白色與黑色搭配，突顯出房間陳設的幾何圖案和造型，個性十足。

木質家具的色彩柔化了黑白配帶來的冰冷感，搭配綠植，增加柔和、舒適感。

高飽和的月亮黃點亮了整個黑白空間，展現出獨一無二的時尚感。

配色思路

摩登時尚

豔麗的紫紅色和醒目的檸檬黃碰撞出激烈的色彩火花。根據使用功能，用色塊劃分出空間，在黑色的襯托下，彰顯出強勢與個性。

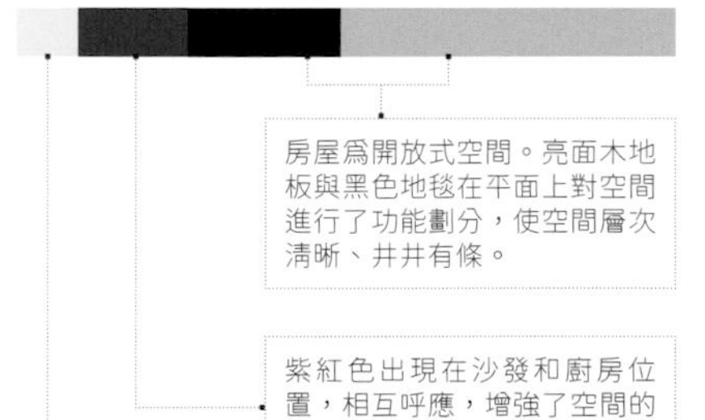

房屋爲開放式空間。亮面木地板與黑色地毯在平面上對空間進行了功能劃分，使空間層次清晰、井井有條。

紫紅色出現在沙發和廚房位置，相互呼應，增強了空間的整體感。

檸檬黃位於空間中央，提亮整個空間色彩，與紅色搭配，顯得個性又時尚。

配色思路

- 13-28-44-0 226-193-147
- 0-0-0-100 0-0-0
- 18-95-55-0 217-33-83
- 0-8-100-0 255-229-0

COLOR MATCHING

打造不同個性定位的宅居色彩

不同的年齡、性別、社會經歷都會造就不同的人物個性。針對不同的個性，應該做出與其相適應的配色。
我們選取了6個關注度較高的族群標籤，一定能找到適合你的那一款居室配色。

PART EIGHT

舒適的單身白領自在居

配色思路

芬芳蓓蕾

床的磚牆背景爲空間注入一絲粗獷與野性，珊瑚粉在磚牆的襯托下，宛如野花蓓蕾，還未綻放卻早已肆意拋灑芬芳。

米白色的地板與背景磚牆奠定了空間溫暖、隨性的基調。

珊瑚粉色的床上用品決定了整個房間優雅的女性氣質；裝飾藕粉色的針織品，突出了溫暖、舒適的感覺。

木製家具點綴綠植，爲整個臥室增加了自然淳樸的氣質，與背景磚牆共同營造出自由放鬆的氛圍。

4-9-11-0
246-236-227

11-64-68-0
231-123-78

6-26-12-0
241-206-209

13-28-44-0
226-193-147

一個人的圓舞曲

柔和的珊瑚粉只為溫暖自己的少女心，孤傲的藍灰色是留給自己的理性。收拾好這份心情，開始一個人的圓舞曲。

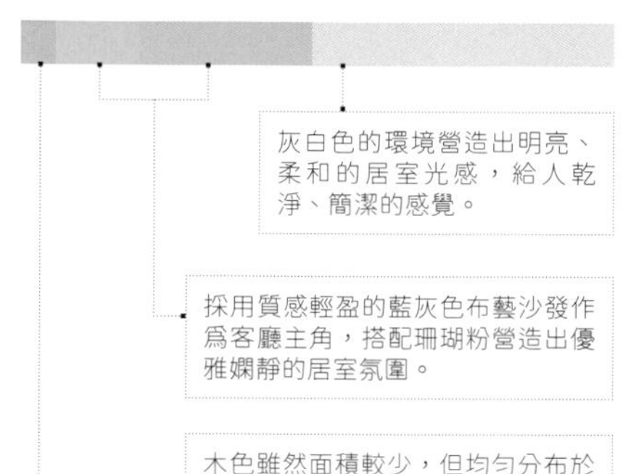

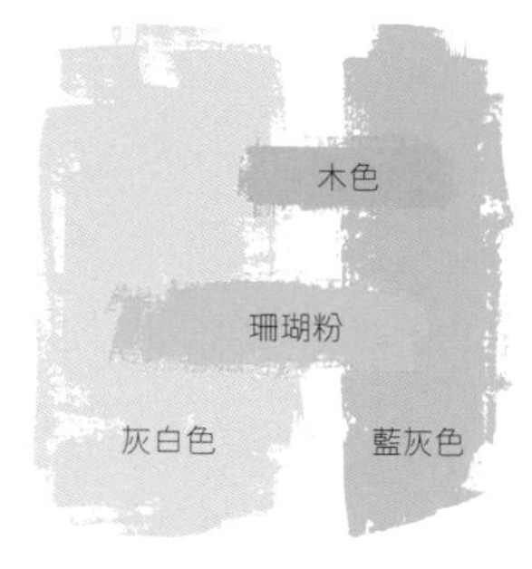

0-0-0-10
239-239-239

28-31-37-0
196-179-158

6-26-12-0
241-206-209

13-28-44-0
226-193-147

配色禁忌

色彩冷硬、厚重

單身白領普遍為青年，色彩不宜厚重、冷硬；自在、休閒的氛圍下，色彩應輕柔、偏暖。

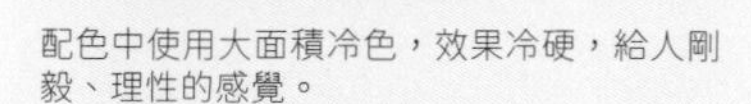

配色中使用大面積冷色，效果冷硬，給人剛毅、理性的感覺。

色彩中使用大量深色，給人厚重、古樸的感覺，缺乏柔和、自在的感覺。

配色思路

幹練沉穩的「理工男」居室

配色禁忌

色彩淡雅、活潑

代表男性的色彩印象應該是理性的、幹練的、具有力量感的。

色彩淡雅、優美，具備女性特質，不適宜表現幹練、沉穩的男性居室。

色彩純度較高，色相型太強，給人活潑、歡快的感覺，缺乏沉穩感。

12-14-15-0
229-220-213

65-67-70-22
98-80-70

75-74-82-53
53-45-36

54-33-100-0
137-150-41

魅力紳士

頭戴深褐色的圓頂硬禮帽，手執棕黑色木質手杖，腳踏一雙精緻的手工羊皮鞋，微揚的嘴角下是彰顯睿智和幽默的橄欖綠領結。

淺暖灰與深褐色的木地板營造出高檔柔和的氛圍。

強勢的黑棕色的床頭背景牆突出臥室的重心所在，空間氛圍充滿力量感。

在柔和高檔的棕色調空間中加入幾株綠植，爲空間注入生機，給人睿智的色彩印象。

配色思路

配色思路

蒸汽霧都

街上人潮湧動，車水馬龍，濕潤的空氣繼續蠶食著斑駁的建築。沉穩的藏青色與厚重的棕紅色搭配，還原出昔日霧都的繁華景象。

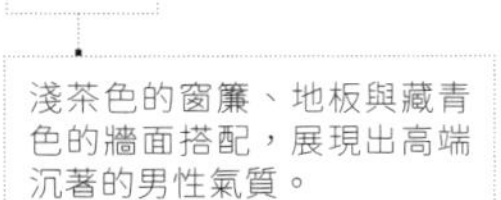

淺茶色的窗簾、地板與藏青色的牆面搭配，展現出高端沉著的男性氣質。

棕黃色的沙發椅與藏青色形成對比，豐富了色相型，增加了空間張力。

棕紅色與藏青色搭配，表現出成熟男性的特性，給人沉穩、大氣的感覺。

14-18-31-0
227-212-181

76-63-38-0
83-99-131

39-48-88-0
177-139-54

52-81-100-27
122-59-18

激發孩子想像力的兒童創意空間

配色思路

冰雪王國

大面積的亮白色和小面積棕色搭配，給人寒冬降臨、白雪皚皚的感覺。小動物們早已躲在樹洞裡過冬，只有頑皮的小猴還探出頭尋找一同嬉戲的小夥伴。

牆面和地板都使用亮白色，營造出明亮、潔淨的環境氛圍；搭配米白色的木質家具，整體色調輕柔，讓人聯想到嬰兒的色彩印象。

泰迪熊和凳子的棕色明度適中、純度較高，豐富了空間層次。

木馬的淺松石色使配色保持純真感的同時，豐富了色相型，給人愉悅、舒適的感覺。

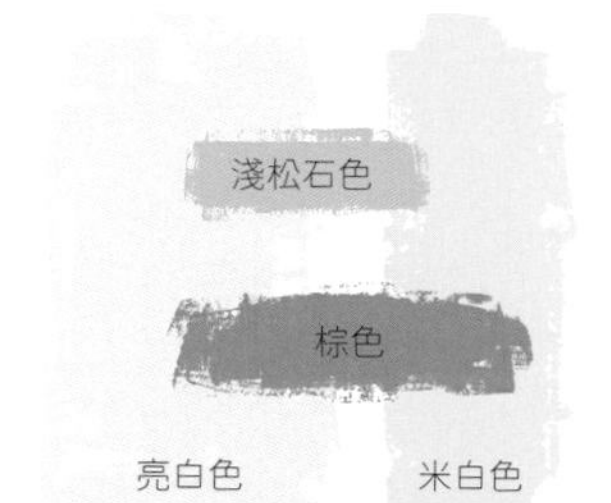

0-0-0-5
247-247-248

4-9-11-0
246-236-227

42-6-27-0
162-210-200

22-47-72-0
206-148-81

配色禁忌

色彩暗濁

女孩房適宜淡雅、浪漫的色彩，男孩房適宜清爽、陽光的色彩，所以兒童房的色調普遍輕柔爽朗，且色相型較強。

暗沉的色彩感覺不到朝氣，不適宜兒童空間的配色。

濁色過多，即使加入粉色，仍然感覺沉悶，缺乏趣味感。

叢林大冒險

房間裡豐富的植物和四處散落的小動物玩偶向我們描繪了一場刺激的叢林大冒險：能隱身的魔龍，五彩斑斕的學語者，還有埋伏在沼澤裡的長嘴猛獸……不過，冒險者們不會就此退卻，勇氣會帶領他們找到最後的寶藏。

亮白色牆面搭配淺茶色的木地板，整個空間呈現柔和、明亮的色調。

綠色在房間中均勻分布，爲兒童房營造出自然、充滿活力的空間。

檸檬黃爲房間增添了亮點，與淺草綠搭配，突出了生動活潑的氛圍；房間中的點綴色還有藍色、橙色等。

0-0-5
247-247-248

14-18-31-0
227-212-181

54-33-100-0
137-150-41

0-8-100-0
255-229-0

小夫妻的幸福小家

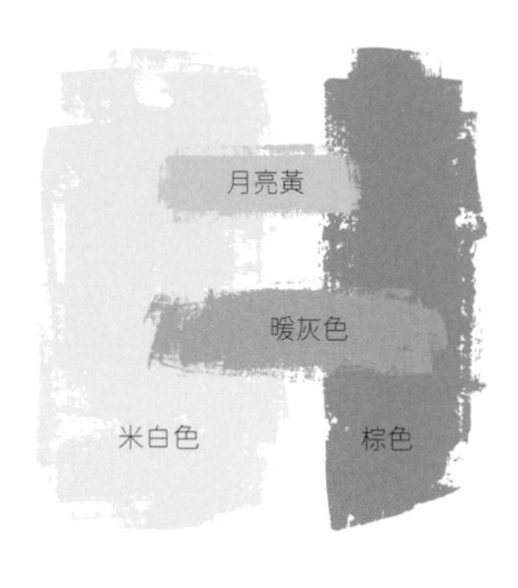

4-9-11-0
246-236-227

22-47-72-0
206-148-81

28-31-37-0
196-179-158

0-23-87-0
252-204-34

秋天的故事

秋天是個纏綿的季節，沒有夏日的酷暑，也沒有冬季的嚴寒。只有蜷在窩裡的小貓，還有廚房裡散發出的飯菜香。

米白色的牆面與棕色的木製家具烘托出溫暖的空間氛圍。

暖灰色布藝沙發適當平衡了棕色家具帶來的燥熱感，還增加了現代感。

綠色和黃色的插花為客廳注入清新感，豐富了空間色調，減弱了煩悶的感受。

配色思路

配色思路

綠野晴空

在米白色的襯托下，房間中的草綠色彷彿雨過天晴後的樹葉，青翠欲滴，在陽光下閃爍著晶瑩的光澤。

米白色牆面和木地板搭配為空間增加了家的溫暖感。

海藍色的沙發背景牆營造出寧靜、安穩的氛圍，與木色形成色相對比，給人愉悅、舒適的感覺。

客廳中多處分布草綠色，與海藍色搭配使人聯想到天空與草地，空間充滿了清爽、舒暢的感覺。

草綠色

海藍色

米白色

木色

4-9-11-0
246-236-227

13-28-44-0
226-193-147

33-11-7-0
183-212-233

48-20-96-0
157-180-37

配色禁忌

色調偏冷、色彩厚重

配色的對象為「小夫妻」，所以營造溫馨、幸福的氛圍是重點。

具有幸福感的色彩應該是偏暖的，而冷色調的配色給人理智、冰冷的感覺。

大面積使用明度低的色彩，營造的氛圍過於昏暗、肅穆，不能給人溫馨感。

文藝青年的精緻生活

配色思路

自由之海

海洋是變幻莫測的，時而浪靜風平，時而疾風驟雨，唯一不變的是象徵自由的那一抹藍。房間中色彩數量較少，大面積地使用藍鳥色，給人寧靜、雅致的印象。

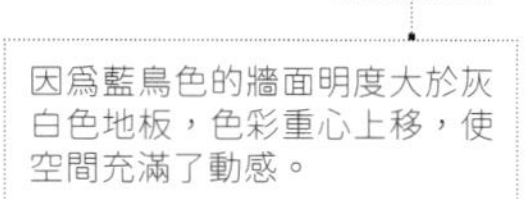

因爲藍鳥色的牆面明度大於灰白色地板，色彩重心上移，使空間充滿了動感。

藍黑色十分強勢，房間主角明確，層次清晰，與藍鳥色共同營造出寧靜、自由的感覺。

木製家具色彩與藍色形成對比，增強了配色的色相型，使空間不過於憂鬱，而是給人輕鬆、寧靜的感覺。

79-56-23-0
65-106-152

0-0-0-10
239-239-239

89-78-64-40
31-49-61

13-28-44-0
226-193-147

配色思路

大雁南歸

秋風漸起，天氣轉涼，北方變得愈發寒冷。黃昏的餘韻裡，一排排雁影頂著寒風向南前行，因爲它們知道嶄新的生活就在前方。在這套居室中，棕黃色與大面積灰白色搭配，懷舊與清新共存。

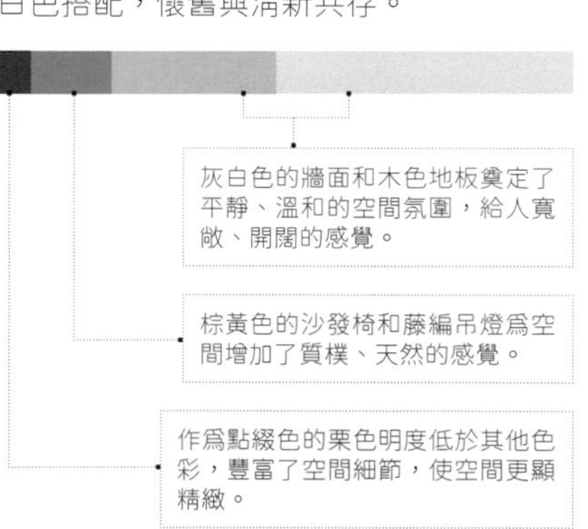

0-0-0-10
239-239-239

13-28-44-0
226-193-147

39-48-88-0
177-139-54

58-69-96-25
112-78-39

配色禁忌

色彩華麗、厚重

我們對文藝的普遍印象是小清新、質樸的，簡約又不失精緻感。

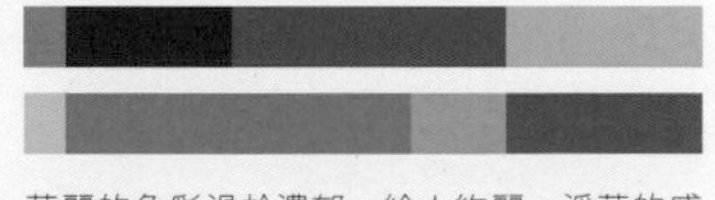

華麗的色彩過於濃郁，給人絢麗、浮華的感覺，不適宜文藝清新風格的居室。

厚重的色彩給人穩重、嚴肅的感覺，缺少輕盈、質樸的感覺。

懷舊古樸的老年居室

配色思路

配色禁忌

黑色、冷色過多

老年居室的色彩搭配要能體現老人的普遍性格特點。

黑色、冷灰色具有機械感、工業感，缺乏人情味，不適宜用在老年人的居室。

冷色過多，表現出的效果冷硬、嚴肅，無法體現滄桑、古樸感。

52-81-100-27
122-59-18

22-47-72-0
206-148-81

13-28-44-0
226-193-147

36-82-78-1
182-76-63

古樸莊園

古樸寂靜的莊園安穩地佇立著，彷彿經過了漫長時間與大地融為一體，只待外來者敲開這塵封的歲月。客廳中大面積使用棕紅色和鐵銹紅，營造出懷舊而熱情的復古氛圍。

大面積的棕色和棕紅色搭配，加深了空間色調，為客廳營造出古樸、懷舊的氛圍。

鐵銹紅明度較低，表現出的效果沉穩、威嚴，在懷舊氛圍下顯得莊重又不失高貴。

木色的茶几明度較高，與棕色系搭配，使空間層次清晰。

歸園田居

遠離城市的喧囂，只求一份安穩的寧靜。相伴回歸田園，那才是真正的生活。居室中的淺橄欖綠是營造質樸田園氛圍的點睛之筆。

淺褐色的牆面和淺橄欖綠的床上用品搭配，營造出淳樸自然的田園氣息。

米白色的燈罩和被套提升了整個空間的明度，使氛圍清爽明亮，不過於沉悶。

棕紅色的木製家具作爲臥室的暗部，使空間層次清晰、穩定。

18-30-56-0
216-183-122

52-81-100-27
122-59-18

4-9-11-0
246-236-227

28-16-45-0
200-204-156

COLOR MATCHING

最受歡迎的7種家居風格

在我們對新房進行裝修規劃之前，都會定下大致的裝修風格，而後續的設計和施工都將圍繞這個風格展開。以下列舉了7種近幾年來最受歡迎的風格，來看看你喜歡哪一種。

PART EIGHT

現代簡約——簡而不凡

配色思路

大隱於市

牆上的裝飾木盤宛如一輪紅日，與茶几上的「孤松」遙遙相望，描繪出一幅素雅的山水畫卷，那是文人雅士們嚮往的墨色桃源。

淺暖灰的木紋背景牆搭配大地黑的地毯、沙發，奠定了素雅、穩重的空間色調。

珍珠白的簡約幾何茶几宛如山間雲霧，又似一池湖水，爲空間增加了通透感。

黃綠色的植物爲素淨的客廳增加了一絲活力，使整個空間頗有怡然自得的暢快感。

69-65-66-20
90-83-77

12-14-15-0
229-220-213

0-4-6-0
255-249-242

25-6-83-0
205-213-67

草原獵手

利爪和彎勾般的嘴是鷹的武器，加上銳利的眼神和強健的翅膀，讓它成爲草原上的一大霸主。居室中棕色系和金屬質感的搭配，向我們展現鷹的沉著與銳利。

暖灰色的牆面和大理石地磚確定了棕色系的主色調，打造出質樸、粗獷的居室氛圍。

淺褐色的布藝沙發與黑色的皮質沙發圍合出大氣、低調的客廳空間，材質的不同也豐富了空間的體驗感。

亮白色主要表現在燈盞、茶几和毛毯上，減輕了大面積棕色系帶來的煩悶感；光滑的金屬材質與其他材質形成鮮明對比，營造出低調奢華的氛圍。

28-31-37-0
196-179-158

18-30-56-0
216-183-122

83-77-67-44
45-48-55

0-0-0-5
247-248-248

配色禁忌

色彩豔麗，用色數量過多

豔麗的色彩給人浮誇、俗氣的感覺，缺少都市感；用色數量過多，且色相型豐富，則無法營造出簡約大氣的氛圍。

現代簡約風格的配色多以中性色爲主，明暗對比較強，給人柔和不失幹練的感覺。

配色思路

冰雪封城

居室空間寬敞，整體色彩素雅、端莊，使用大面積灰白色系，在水晶燈飾、亮面大理石地板的裝點下，讓人彷彿置身於冰封的城堡，寂靜、低調卻又端莊、高貴。

居室中用到大面積的深褐色立面，搭配淺中灰的大理石地板，營造出低調奢華的氛圍。

淺中灰色的L形布藝沙發降低了棕褐色牆面帶來的悶熱感和厚重感，增強了空間的輕盈感。

廚房的棕黑色大理石裝飾牆面上有白色的冰裂紋，增加了細節感，使現代簡約風格的居室簡而不凡，再搭配一兩束粉色插花，氛圍精緻大方。

- 65-67-70-2 98-80-70
- 0-0-0-35 191-191-192
- 0-0-0-10 239-239-239
- 75-74-82-5 53-45-36

一抹茶香

正在烹煮的茶湯，茶葉沉底，茶面則縈繞著淡淡的霧氣。居室中透明的茶色座椅如同一杯紅茶，醇厚甘甜，滿室飄香。

亮白色的牆面搭配淺暖灰色的地磚，整個居室呈現出簡約、溫和的效果。

棕色的木質餐桌奠定了餐廳溫暖的基調，增進食慾，營造出舒適、柔和的氛圍。

椅子的透明茶色椅背是整個餐廳的特點所在，特殊的材質下，表現出醇厚又輕盈的效果。

0-0-0-5
247-247-248

12-14-15-0
229-220-213

22-47-72-0
206-148-81

38-78-100-3
170-82-35

配色思路

地中海風格—— 徜徉自由之海

配色思路

聖托里尼之光

沐浴在燦爛的陽光下看著海浪翻騰，在這裡，能感受到上帝對聖托里尼的偏愛。明度較高的米白色牆面搭配大面積的開窗，不僅增加了自然採光，美麗的海景也一覽無餘。

4-9-11-0
246-236-227

22-47-72-0
206-148-81

0-0-0-5
247-247-248

60-70-100-25
106-75-35

米白色的牆面、地板搭配棕色木紋的櫥櫃、桌椅，伴著陣陣海風穿過拱門和長窗，在陽光下享受著悠閒、舒適的下午茶時光。

亮白色的方塊瓷磚爲居室增加了一絲清爽和潔淨，反光的質感給人精緻的感覺。

咖啡色的紋理豐富了空間細節，增加了質樸、自由的感覺。

配色禁忌

刻板印象的「藍白配」

地中海風格的核心是自然質樸的粗獷感，常用大地色系和材質肌理來表現。

雖然地中海風格有海洋的元素，但並不是只能用單一的藍白配色來表現。

大地色系可以很好地表現出地中海風格的自然、質樸感。

配色思路

情定愛琴海

房間內純淨的白色和神祕的松石綠搭配，透過棕色系的糅合，向我們描繪了一個充滿異國風情的浪漫愛情故事。

亮白色的牆面與地中海風格特有的拱門造型結合，再搭配馬賽克地磚和粗獷的實木家具，愛琴海的景色彷彿躍然眼前。

居室中用到的松石綠彷彿潔白沙灘邊的藍綠色海水，晶瑩剔透，閃爍著寶石般的光澤。

甜橙色點綴在坐凳、裝飾畫上，爲浪漫柔和的海邊風情增加了一絲歡快與俏皮感。

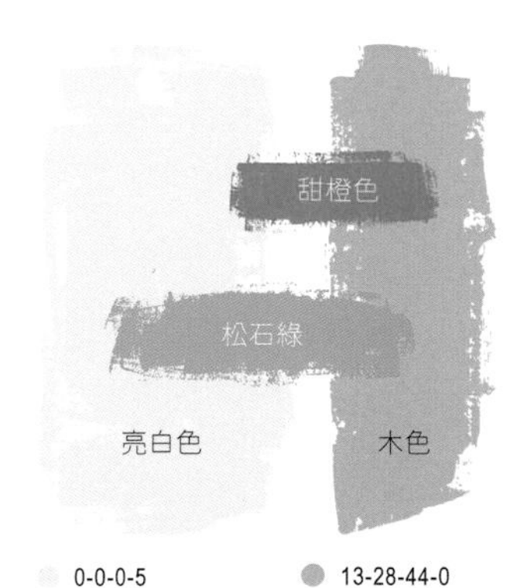

0-0-0-5
247-247-248

13-28-44-0
231-196-149

63-7-34-2
89-180-176

0-57-90-0
252-141-12

配色思路

異國清晨

清晨，濕潤的海風伴著悠揚的琴聲拂過面頰，披著毛毯站在窗邊，看著遠方雪白的浪花翻騰。房間配色主要爲棕色系，花紋繁複，充滿異國風情。

棕色地磚疊加暗紅色地毯，在柔和的米白色襯托下，爲質樸的空間增加了一抹野性，給人熱情開放的空間印象。

綠棕色的毛毯使人聯想到橄欖的色彩，這是一份來自愛好和平的國家的友善和包容。

月亮黃的靠枕在棕色系的房間中宛如一輪暖陽、一盞明燈，帶給人愉悅的心情。

4-9-11-0
246-236-227

22-47-72-0
206-148-81

63-48-90-5
116-122-60

0-23-87-0
252-204-34

摩洛哥的香料

摩洛哥是個香料王國，那裡有一座尖塔十分引人注目。相傳該塔在建造時，國王下令向建材中加入了近千袋名貴香料。時隔八百多年，這座高塔依舊散發著陣陣香味。

右圖中，熱情、華麗的金棕色和幽然的深綠色搭配，讓我們感受到這座被稱爲「地中海咽喉」的國家散發出的獨特的文化香氣。

帶有精美浮雕的米白色牆磚搭配以海藍色調爲主的馬賽克瓷磚，爲我們描繪出海天相接的景象，同時也展示出了摩洛哥藝術的精美絕倫。

金棕色的大門和拱窗華麗卻又不失質樸，在藍白色牆面的襯托下，給人愉悅、熱情的空間印象；藤編的金棕色布藝沙發給人親和、舒適的感覺。

居室周圍點綴上深綠色的植物，一幅海邊樹屋的自在生活畫卷立即呈現在眼前。

4-9-11-0
246-236-227

11-64-68-0
231-123-78

14-64-97-0
226-120-10

84-50-88-13
44-104-66

配色思路

北歐風—— 現代與自然的交融

配色思路

荒漠衛士

居室中黑白與木色描繪出一片荒原景象，本是冰冷、銳利的氛圍在淺松石色的加入後變得舒適、柔和，宛如捍衛著生命之泉的仙人掌，堅毅、安然。

臥室中最搶眼的色彩莫過於黑白搭配了。幾何圖案和鐵藝燈具、床架在黑白配色下給人堅毅、果斷的印象。

淺色的木地板柔化了黑白的銳利感，烘托出舒適、明朗的居室氛圍。

淺松石色是精髓所在。明亮柔和的淺松石色爲整個臥室增加了生命力；雖然沒有冬去春來的煥然新生，卻展現出疾風勁草般的堅毅和安然。

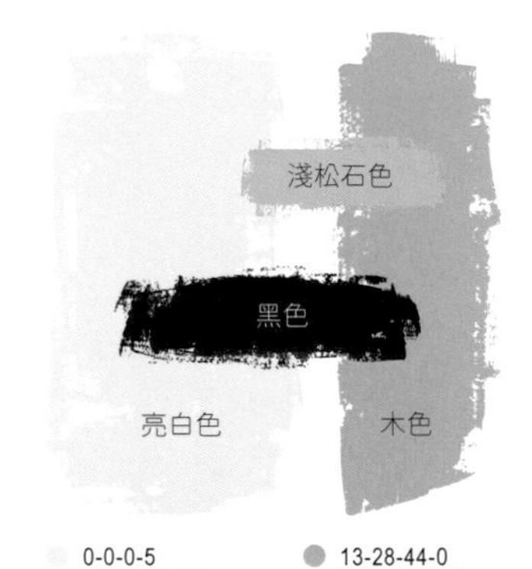

0-0-0-5
247-247-248

13-28-44-0
231-196-149

0-0-0-100
0-0-0

42-6-27-0
162-210-200

配色思路

冰火之國

冰島是北歐五國之一，擁有100多座火山，是世界上溫泉最多的國家，被稱作「冰火之國」。上圖的居室在色彩和質感上都表現出北歐風格獨有的自然和清冽。

火山岩般的深灰色牆壁和宛如白雪的灰白色描繪出冰火之國的素淨氛圍。

原木色是北歐風格的靈魂。有著明顯肌理的原木陳設和藤編地毯使整個居室充滿了溫暖、舒適的氛圍。

藍色與棕色的搭配，往往可以產生醒目而鎮定的效果，營造出平靜、舒適的空間氛圍。

0-0-0-10
239-239-239

0-0-0-75
102-100-100

13-28-44-0
226-193-147

33-11-7-0
183-212-233

配色禁忌

色調昏暗，色彩數量過多

北歐風格配色的一大特點在於色彩乾淨明朗，設計簡潔、人性化。

昏暗的色調則失去了北歐風簡潔、乾淨的特點；色彩數量過多顯得繁雜。

北歐風常用黑、白、灰、棕等中性色搭配原木色，或加入鮮豔的點綴色也別有一番風味。

貓舍裡的暖冬

配色思路

窗外大雪紛飛，布滿水霧的玻璃窗隔絕了屋外的寒冬。頑皮的小貓伸出腦袋瞅了瞅窗外，又把頭縮了回去，心想：「還是在被窩裡度過這個冬天吧。」
居室內簡潔的設計和配色表現出北歐溫和的氣候和質樸自然的人文風情。

亮白色的牆面和原木色的家具、地板搭配，在簡潔、人性化的設計下，營造出柔和、溫暖的氣氛。

栗色的牆面為整個明亮的空間增加了暗部，層次分明的同時，給人安穩的感受。

蔚藍色的點綴彷彿冰川融化後海天相接處的色彩，在原木色的襯托下，顯得溫和、清爽。

0-0-0-5
247-247-248

13-28-44-0
226-193-147

58-69-96-25
112-78-39

80-43-3-0
30-131-203

5-6-6-0
246-242-239

13-28-44-0
226-193-147

100-0-20-30
0-129-162

14-64-97-0
226-120-10

陽光鳳梨

坐在沙灘椅上吹著海風，享受著假期的美好。端起手邊的鮮榨鳳梨汁，酸澀的口感裡還有陽光的味道。客廳內的金棕色、孔雀藍和四處擺放的盆栽讓人回想起海邊假期的日子。

米灰色的牆面、地板使整個空間彷彿灑滿陽光般的明亮、溫和。

原木色的陳設給人溫暖舒適的感受，表現出北歐風格的精髓。

金棕色和孔雀藍的搭配讓人彷彿置身於灑滿陽光的海浪沙灘上，興奮又愜意。

配色思路

新古典主義── 輕奢概念，形散神聚

配色思路

南國之春

在度過了乾燥的嚴冬後，南國迎來了期待已久的春天。臥室中溫暖的棕色調古典家具，加上室內外相呼應的草綠色，春天已然來到。

4-9-11-0
246-236-227

22-47-72-0
206-148-81

52-81-100-27
122-59-18

48-20-96-0
157-180-37

米白色的牆面加上古典韻味十足的櫥櫃，傳統又精緻的古典氣息撲面而來。

棕紅色的床架和窗框作爲整個居室的暗部，加之所處位置採光較好，使空間明暗平衡，層次清晰。

草綠色的工藝品與窗外的綠景內外呼應，彷彿在邀請春天的到來。

配色禁忌

色調清新或豔麗

新古典風格講究低調奢華的精緻感，光亮的材質和穩重滄桑的色彩是兩大重點。

清新明亮的色調給人輕盈、開朗的感覺，無法表現出新古典風格的奢華、滄桑感。

豔麗的色彩色相間距較大，充滿張力和活躍感，無法給人穩重的印象。

藍色滿天星

滿天星象徵著清純、關懷、眞愛，雖然它的花朵很小，但聚集在一起就是璀璨的星空。臥室中帶有藍色花紋的壁紙和窗簾營造出一片寧靜的星空花海。

藍色花紋的壁紙、窗簾爲整個臥室營造出夢幻、純眞的氛圍。

星空藍的床和椅子使空間重心下沉，給人安穩、寧靜的感覺。

棕色的地板和木質陳設爲整個空間增加了華麗、莊重的氣氛；金色的鏡框、燭臺造型的檯燈增加了精緻華麗的感覺。

0-0-0-10
239-239-239

24-11-5-0
203-218-233

78-73-24-0
82-83-142

22-47-72-0
206-148-81

沙漠古堡

風沙過後，天空漸漸澄澈，翻過一座座沙丘後，終於找到了埋藏在黃沙中的那段璀璨歲月。配色用到大量的淺棕色系，滄桑卻不失華麗。

配色思路

記憶宮殿

泛著黃綠色柔光的牆面如同珍藏的舊照片，華麗的吊燈灑下柔和的光，在這寧靜的氛圍中彷彿傳來了記憶宮殿的鐘聲。

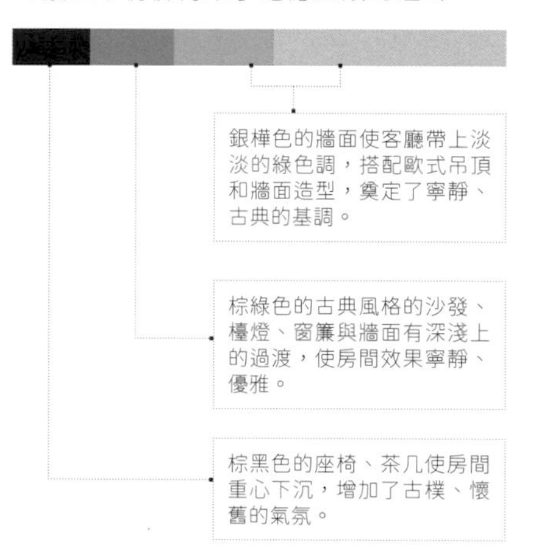

0-0-10-20
221-220-207

28-31-37-0
196-179-158

48-43-100-0
156-142-35

75-74-82-53
53-45-36

配色思路

美式鄉村——回歸質樸田園

配色思路

純真童年

在童年時光裡，沒有憂傷，沒有煩惱，只有穿梭在陽光下的小小身影和褲腳濺起的歡樂的泥點。臥室中海藍色和棕色系渲染出美好童年的純真、懷舊氛圍。

- 14-18-31-0 227-212-181
- 34-12-61-0 189-206-123
- 33-11-7-0 183-212-233
- 0-0-0-5 247-247-248

淺茶色的牆面和地毯奠定了溫馨舒適的氛圍。

柔和的海藍色搭配古樸的棕紅色有鎮定效果，在淺茶色環境下，整個居室呈現出舊照片般的質感。

亮白色增加了空間的通透感，使臥室色調明亮；與海藍色搭配給人純真的印象。

配色禁忌

色調過於清爽或暗濁

美式鄉村風格通常是鈍、弱色調，棕色系和增加通透感的白色是常用的色彩。

色調過於清爽，則缺少田園風格特有的淳樸感和懷舊感，顯得太過輕盈。

暗濁的色調雖然有了田園風的懷舊感，但失去了明媚、溫暖的感覺。

外婆家的後花園

房間中溫暖淡雅的茉莉黃讓人想起外婆家後花園的陽光，再搭配藍綠底的碎花牆面，給人療癒、放鬆的感覺。

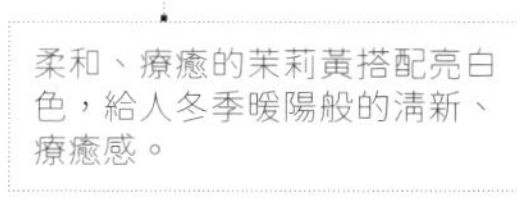

柔和、療癒的茉莉黃搭配亮白色，給人冬季暖陽般的清新、療癒感。

棕色餐桌椅作爲空間中明度較低的部分，增加了居室的質樸感，給人親切又沉穩的感覺。

藍綠底的碎花牆面突顯了居室的田園風格，在黃色的對比下起到了放鬆、療癒的作用。

配色思路

0-15-60-0
254-221-120

0-0-0-5
247-247-248

22-47-72-0
206-148-81

95-25-45-0
0-136-144

時間旅人

從出生到死亡，從青蔥歲月到歷經滄桑，時間就像離弦的箭，無人可以阻擋，而我們就像一個個旅行者，任由波濤推向遠方。

居室中色相型較弱，從色彩和材質上我們可以感受到繁華褪盡後的質樸和沉著。

淡黃色的牆面與棕色的地板、立櫃搭配，烘托出溫馨、懷舊的氛圍。

棕紅色的皮質沙發增加了居室的滄桑感，給人沉著、粗獷的印象。

灰白色的茶几、靠枕，以及造型別致的天花板減弱了棕色系帶來的燥熱、煩悶感，加上良好的採光，整個客廳通透、明亮。

0-10-35-0
255-234-180

22-47-72-0
206-148-81

34-12-61-0
189-206-123

0-0-0-10
239-239-239

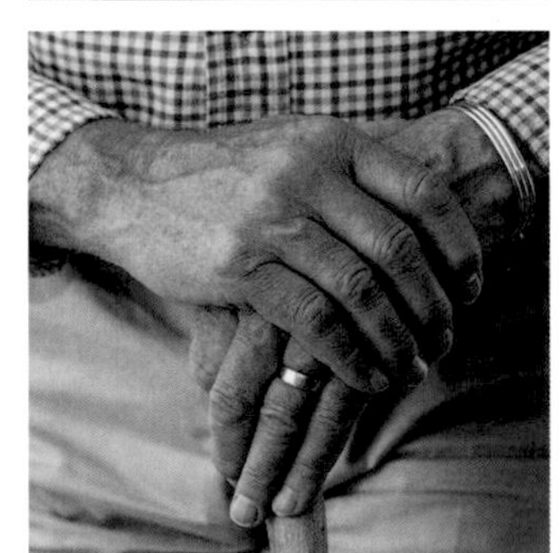

工業風——粗獷與時尚的結合

配色思路

黑膠時代

居室爲典型的工業風格，斑駁的磚牆、冰冷的黑白灰以及質樸柔和的原木家具展示出黑膠唱片般的質感，粗獷的外表下彷彿沉睡著一個個律動的靈魂，形簡神聚。

比起磚牆的復古，淡灰色的水泥牆更具有現代感，再搭配魔力黑油漆牆面，營造出幽靜的氛圍。

原木家具爲整個居室添加了舒適感和質樸感，給人親切、溫暖的感受，這也是工業風裡經常加入的元素。

斑駁的磚牆增加了粗獷復古的工業痕跡，同時也爲居室加入了更多的暖色，中和了黑灰色帶來的冰冷感。

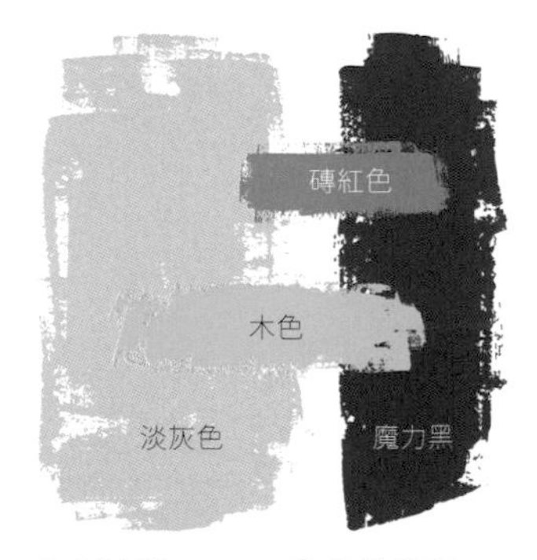

0-0-0-20
220-221-221

81-72-68-38
51-59-61

13-28-44-0
226-193-147

11-64-68-0
231-123-78

配色思路

午後小憩

午後的陽光是熱烈的，也是讓人困乏的。在床上小憩一會兒，整個下午都將神清氣爽。居室空間開闊、明亮，溫和的暖色調和植物搭配，讓人感覺舒適暢快。

亮白色和暖灰色營造出溫暖、明亮的居室空間。

原木色的茶几使空間保持輕盈感，同時也增加了質樸感；如果改用深色則會給人沉著、穩定的感受，便失去了清爽暢快感。

居室中四處分布的植物搭配煙囪、燈具，讓人聯想到爬滿綠藤的廢棄工廠，個性十足。

0-0-0-5
247-247-248

28-31-37-0
196-179-158

13-28-44-0
226-193-147

48-20-96-0
157-180-37

配色禁忌

色相型太強，缺少無彩色

工業風格的特點是粗獷、神祕，復古卻又時尚。

工業風大多採用原木色、棕色、灰色等作爲主體色彩，再增加一兩個亮色，增加柔美感；黑白灰是表現工業風常用的配色。

色相型過強，缺乏無彩色營造出的頹廢、粗獷感，顯得過於活潑和時尚。

日式MUJI風格—— 禪意鑄心的木色年代

配色思路

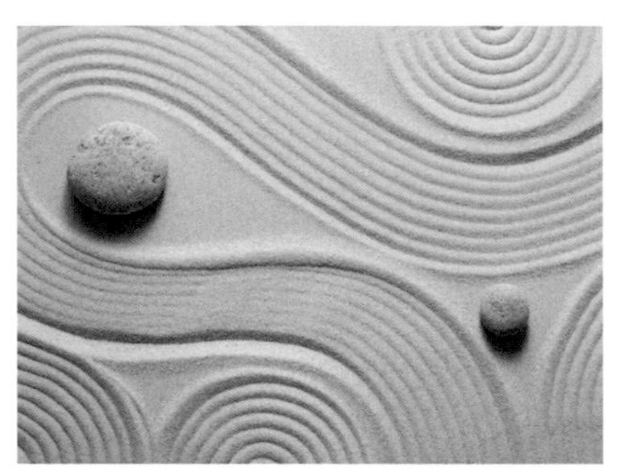

方寸山水

居室中不管是沙發還是座椅都是簡約的，幾乎沒有任何雜飾，彷彿枯山水庭院中的白砂，極簡的外表下蘊含著涓涓細流和廣袤大海。

亮白色的牆面搭配米白色地板、沙發，營造出靜謐、柔和的居室氛圍。

原木桌椅加上簡約、人性化的設計，給人舒適、親近自然的感覺。

暖灰色的沙發背景牆與地毯透過色彩劃分出空間；與米白色沙發對比，明確空間重心，豐富層次感。

0-0-0-5
247-247-248

4-9-11-0
246-236-227

13-28-44-0
226-193-147

28-31-37-0
196-179-158

曉霽

居室的自然採光與柔和、天然的材質搭配，宛如雨後清晨的陽光，溫暖中飄蕩著清冽的水氣。

白色和木色是MUJI風格中必不可少的色彩，可以營造出柔和爽朗的氛圍。

米白色的窗簾、沙發靠枕作為亮白色和木色的過渡色，使居室氛圍更加柔和、溫馨，增加了舒適感。

松石綠的加入豐富了居室的色相型，增加了活躍感和清爽氣息。

0-0-0-5
247-247-248

13-28-44-0
226-193-147

4-9-11-0
246-236-227

63-7-34-2
89-180-176

配色禁忌

色彩過於濃重

MUJI風格的特點是簡約、自然、講究功能主義的，往往具有強烈的禪意美感，色彩較為柔和、明亮。

色調過於濃暗，居室效果會過於沉穩、厚重，失去了MUJI風格的自然、輕盈感。

若色彩過於豔麗，則會失去質樸、自然的感覺，變得濃豔、俗氣。

配色思路

京都茶屋

燈火闌珊中，舉傘走過鋪砌整齊的石板街道，一座座木質建築中傳來陣陣人聲。掀起暖簾，淡淡的茶香伴著呼出的霧氣消失在雪夜中。
居室中栗色餐桌和整齊擺放的碗碟給人古樸、精緻的感覺，不禁讓思緒飄飛到遙遠的日本平安時代。

亮白色立櫃和淺暖灰的地板、座椅共同營造出溫暖的氛圍，柔和中帶著淡淡的古樸。

栗色的餐桌在明度上展現了主角的地位，古樸的色彩彷彿經過了歲月的沉澱和打磨。

深綠色植物在栗色的襯托下透著幽深、靜謐的氣息。

0-0-0-5
247-247-248

12-14-15-0
229-220-213

58-69-96-25
112-78-39

84-50-88-13
44-104-66

雲端之上

居室中陳設簡潔，色塊分明，在大面積暖色的包圍下，藍灰色的燈芯絨床罩彷彿沐浴在晴朗陽光下的雲朵，蓬鬆、柔軟。

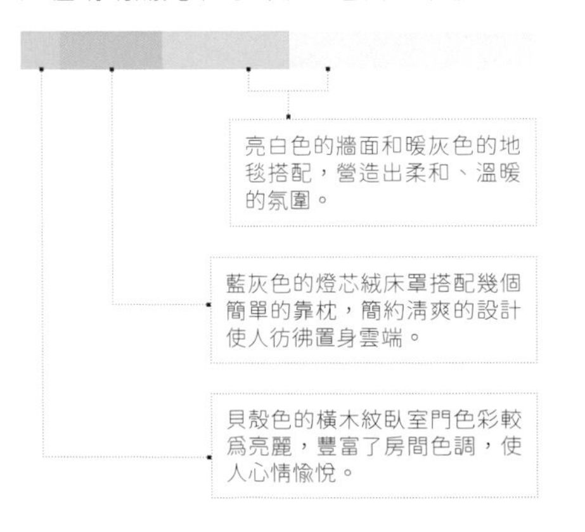

配色思路

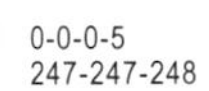

0-0-0-5
247-247-248

12-14-15-0
229-220-213

29-18-11-0
191-200-213

4-23-29-0
248-211-182

COLOR MATCHING

立邦漆的常用色號

考慮到大家在實際家裝配色上的需求，我們按照不同色系的順序羅列出了部分立邦漆的色號（僅供參考，實際色號請以台灣立邦漆標準色號為主），讓大家在牆面配色和牆漆購買時更加直觀、便捷。
（關於色差：由於室內外光線不同，可能會出現色差，圖片僅供參考，以實物為準。）

OW073-4 含羞紫	OW004-4 蕙心蘭	OW009-4 杏雨梨雲	OW002-4 淺蓮灰	OW015-4 冰清玉透	OW014-4 綺麗	OW069-4 楊枝玉
RC0001-2 海灘暮色	RC0270-3 醉臥花叢	RC0260-4 睡蓮仙子	RC0002-4 柔皙	RC8151-4 睡蓮紅	RC8120-3 石竹花	RC8140-1 精臻紅
OC7940-1 石榴花	OC0001-2 玫瑰花茶	OC7920-3 荷紅	OC0601-4 純真歲月	OC0055-4 迷霧情緣	OC0064-3 湖光珊色	ON1970-3 大漠戈壁
YC0007-2 秋日原野	YC0005-3 金色佳人	YC2860-4 大波斯菊	YC0001-4 雲香	YC0077-4 雛菊	YC3020-3 金土地	YC0081-2 酸甜檸檬
GN5190-2 發財樹	GC4130-2 春色滿園	GC4160-3 春江水暖	GC4108-4 網紋甜瓜	GC4660-4 青翠山崗	GC5410-4 綠火花	GC5780-2 西域奇寶
BC5640-2 玉玨	BC5720-3 清水灣	BC5920-3 鏡湖倒影	BC0011-4 幽蘭	BC6630-2 馬賽藍	BC6770-3 暮靄	BC6740-2 藍色妖姬
VA7700-1 夜巴黎	VA7100-1 夜色寂靜	VC7080-2 虞美人	VC0016-4 格調紫	VN0084-4 紫絨花	VN0086-2 六月紫薯	VA8900-1 紫靄
NN6500-1 魔力黑	NN2690-2 草原獵手	NN2620-3 暮秋時節	NN0820-3 失樂園	NN3830-2 肅穆佛堂	NN1380-2 山雨欲來	NN7380-2 阿爾卑斯山

RC0098-4 魅惑巴黎	RC8051-4 高地紅	RC0099-4 花漾年華	RC8010-4 豔陽天	RC8020-3 櫻草紅	RC8030-2 錦紅菱	RC8040-1 珊瑚紅
RN0012-4 夏日精靈	RN0013-4 嫺靜淑女	RN0014-4 香芋派	RN0015-4 醉顏羞澀	RN0016-3 煙薰粉	RN0017-2 冰烏梅	RN0018-2 蜜豆
RN0035-4 寧靜	RN0036-4 輕柔香吻	RN0037-4 蓓蕾綻放	RN0038-3 拉丁女郎	RN0039-3 立陶宛紅	RN0040-2 印第安紅	RN0041-1 深紅烈焰
RC0107-4 思念	RC0251-4 荷仙姑	RC0260-4 蓮花仙子	RC0270-3 醉臥花叢	RC0280-2 雪玫瑰	RC0290-2 紫絹	RC0001-2 海灘暮色
OA2000-1 紅磚瓦	OA1800-1 鮮橙飄香	OA0004-1 孟加拉	OA8200-1 橙黃	OA1700-1 鶴頂紅	OA0003-1 群楓林麗	OA0002-1 印度檀香
OC0019-4 嫩荷	OC0020-4 香盈袖	OC0021-4 暖心	OC0022-3 康乃馨	OC1670-3 金銀花	OC1680-2 棕瓦瓷	OC1690-2 熱情白蘭地
ON0010-4 風雪嬌梅	ON0011-4 蒼麒麟	ON8210-4 蜜桔	ON1820-3 溫泉浴	ON1830-2 鮮橙汁	ON8240-2 金盞花	ON1840-2 十月金秋
ON0036-4 玄米	ON0037-4 粉嫩絲滑	ON0038-4 嬌黃	ON0039-4 清新早晨	ON0040-3 芒果布丁	ON0041-2 雞蛋黃	ON0042-2 滿月
YA3000-1 春華秋實	YA2900-1 明黃	YA8700-1 華蓋黃	YA2700-1 新奇士橙	YA2800-1 非洲菊	YA8600-1 奶黃	YA1900-1 寶蓮燈

YC0002-4	YC0001-4	YC0003-4	YC0004-4	YC0005-3	YC0006-2	YC0007-2
明潤風采	雲香	魔法奇緣	誘人起司	金色佳人	澳洲海岸	秋日原野
YC3707-4	YC0068-4	YC3151-4	YC3210-4	YC3220-3	YC3230-2	YC3240-2
帆布工裝	美人魚	蕾絲花邊	北極春	報春花	金榜題名	檸檬露
YN0006-4	YN0007-4	YN0008-4	YN0009-4	YN0010-3	YN0011-2	YN0012-2
淺黃帷幔	棉花糖	梨花春	檸綠	馬鈴薯沙拉	東藤	芥末黃
GC0015-4	GC0016-4	GC0017-4	GC0018-3	GC0019-3	GC0021-2	GC0020-2
雪融冰晶	落日	白茶	清新宜人	嫩芽綠	綠玉薄荷	青檸樂園
GN5108-4	GN6007-4	GN5151-4	GN5160-4	GN5170-3	GN5180-2	GN5190-2
牧場風暴	青澀酸橙	薄荷綠	青青草場	哈密瓜	荷塘月色	發財樹
GC0026-4	GC4551-4	GC0027-4	GC4510-4	GC4520-3	GC4530-2	GC4540-2
新綠百合	亮綠	原味綠茶	遊園驚夢	田園交響曲	萬象更新	三葉草
GC0035-4	GC6207-4	GC5708-4	GC5560-4	GC5570-3	GC5580-2	[illegible]
瑩澈光芒	冰晶藍	山間飛瀑	海隅微陽	幻象浮生	煙霞	沙漠綠洲
BC6710-4	BC0001-4	BC5851-4	BC5710-4	BC5720-3	BC5730-2	BC5740-2
思緒萬千	幽靜湖藍	昨夜星辰	秋波流轉	潔水灣	寒雨連江	木蘭岩
BC0010-4	BC6408-4	BC0011-4	BC6410-4	BC6420-3	BC6430-2	BC6440-2
清澈無暇	戀巢雛鳥	幽蘭	睡美人	藍眼睛	藍印花布	佛羅倫斯藍

BC0017-4 細雨	BC0018-4 都柏林	BC0019-4 倩語	BC6810-4 挪威藍	BC6820-3 淘氣小孩	BC6830-2 銀藍	BC6840-2 亮藍
BN7007-4 北風	BN0016-4 霜藍	BN7551-4 亞得里亞海	BN7560-4 仲夏夜之夢	BN7570-3 北歐風情	BN7580-2 拿破崙	BN7590-1 布里斯托藍
VC7710-4 天山雪蓮	VC0016-4 格調紫	VC7720-3 藍色誘惑	VC0017-3 天蠍之吻	VC7730-2 青藏高原	VC7740-2 托斯納藍	VC0018-2 月色星空
VC0023-4 輕盈	VC0024-4 水晶之戀	VC0025-4 雪青	VC0026-3 紫秋	VC0027-2 優柔華貴	VC0028-2 紫薇花	VC0029-1 紫青
VC0049-4 柔靜	VC0050-4 輕歌曼舞	VC0051-4 魔幻精靈	VC0052-4 愛的魔方	VC0053-3 紫色迷情	VC0054-2 情迷莫斯科	VC0055-2 紫芋香甜
VN0108-4 瑞士紅	VN0075-4 木槿怡人	VN0073-4 霧都戀人	VN0160-4 悠悠若蘭	VN0170-3 曠谷幽蘭	VN0180-2 馬鞭草	VN0190-2 清香李子
VA0001-1 紫茄	VA8900-1 紫靄	VA8500-1 梅紅	VA7200-1 東方夜韻	VA8400-1 茄花紫	VA0200-1 紅高粱	VA7100-1 夜色寂靜
NN0005-4 可愛泡泡	NN0101-4 幽幽熏草	NN0851-4 祥雲飄渺	NN0860-4 珊瑚	NN0870-3 褐珊瑚	NN0880-2 巧克力甜點	NN0890-2 高麗紅參
NN0001-4 舒適	NN7201-4 蝴蝶蘭	NN2651-4 幻影	NN2660-4 幃幔	NN2670-3 鼴鼠	NN2680-2 伊斯頓棕	NN2690-2 草原獵手

NN0801-4 巧笑嫣然	NN1001-4 黯影	NN0015-4 巧克力慕斯	NN1010-4 成熟漿果	NN1020-3 棕紅	NN1030-2 熱情爪哇	NN1040-2 紅杉樹
NN3907-4 淺丁香	NN5008-4 青鳥翱翔	NN0033-4 利口酒	NN4910-4 韭菜	NN4920-3 新石器時代	NN4930-2 碭山梨	NN4940-2 海棗
NN1307-4 石膏岩	NN7207-4 科羅拉多	NN1351-4 雪花石膏	NN1310-4 淺灰	NN1320-3 中灰	NN1330-2 烏雲	NN1340-2 深灰
NN6508-4 利劍寒光	NN6801-4 聖音	NN6551-4 海市蜃樓	NN6560-4 曲徑通幽	NN6570-3 磨刀石	NN6580-2 海嘯	NN6590-2 文明古都
NN5807-4 潤物細雨	NN6507-4 深海珍珠	NN6151-4 涓涓細流	NN6110-4 北國山川	NN6120-3 冰洋綠	NN6130-2 印第安綠	NN6140-2 海港綠
OW001-4 霞風玉露	OW003-4 淡菊	OW002-4 煙紫	OW004-4 蕙心蘭	OW073-4 含羞紫	OW005-4 日色微明	OW009-4 杏雨梨雲
OW082-4 雲端漫步	OW083-4 白鴿	OW085-4 原味優酪乳	OW019-4 白月皎潔	OW084-4 生機	OW020-4 芸黃	OW064-4 梧桐樹
OW057-4 海天藍	OW055-4 煙青	OW060-4 雪藍	OW045-4 海濱微風	OW049-4 碧落清泉	OW059-4 淺蓮灰	OW054-4 青山淡彩
OW056-4 純淨灰	OW093-4 玉潤雅靜	OW066-4 青萍白	OW094-4 香醇豆奶	OW067-4 杏子灰	OW068-4 雅典白	OW069-4 楊枝玉

COLOR MATCHING

得利漆的常用色號

以下為得利漆的部分牆漆色號（僅供參考，實際色號請以台灣得利漆標準色號為主）。透過與立邦漆色卡對比我們發現，立邦漆的色彩更加明亮、豔麗，而得利漆的色彩則較為柔和、偏灰。大家可以根據自己居室的氛圍需求來進行參考、選色。（關於色差：由於室內外光線不同，可能會出現色差，圖片僅供參考，以實物為準。）

APPENDIX

10YR 17/465	75RR 63/207	24RR 72/146	64RR 83/073	90YR 83/053	20YY 78/146	36YY 66/349
50YR 25/556	70YR 30/651	80YR 45/427	23YY 61/631	25YY 28/232	10YY 83/071	50YY 83/114
52YY 89/117	53YY 83/348	46YY 74/602	54YY 69/747	40YY 48/750	70YY 51/669	90YY 83/179
94YY 46/629	10GY 61/449	10GY 74/325	30GY 83/064	30GY 34/600	50GY 16/383	10GG 29/179
70GY 73/124	70GY 83/060	56GG 77/156	30BG 44/248	90GG 38/242	30BG 64/140	50BG 72/170
70BG 24/380	33BB 33/308	36BB 46/231	47BB 14/349	90GG 08/118	70BB 14/202	50BB 39/104
70BB 28/224	70BB 59/118	04RB 71/092	03RB 42/220	30RB 11/133	10RR 13/081	10RB 65/042
10RB 74/038	10RR 75/039	60YY 65/082	10BB 73/039	00NN 62/000	90GY 63/047	90YY 83/036

10YR 16/407	30YR 17/341	50RR 11/286	00YR 08/409	70RR 15/400	10YR 17/465	14RR 09/333
23YY 61/631	25YY 78/232	25YY 79/240	37YY 78/312	17YY 65/420	41YY 83/214	08YY 56/528
45YY 71/426	97YR 44/642	35YY 61/431	01YY 36/694	40YY 48/750	10YY 83/071	50YY 83/114
30YY 80/088	30YY 64/331	20YY 54/342	20YY 46/425	20YY 35/456	20YY 27/225	10YY 16/217
46YY 74/602	55YY 83/060	56YY 86/241	54YY 69/747	52YY 89/117	66YY 85/231	60YY 79/367
60YY 83/156	35YY 86/117	60YY 73/497	60YY 83/125	60YY 62/755	66YY 61/648	70YY 51/669
70YY 83/112	45YY 67/259	40YY 64/165	40YY 49/408	30YY 39/225	40YY 34/446	70YY 25/200
84YY 87/135	90YY 83/107	90YY 83/179	88YY 81/230	70YY 66/510	30GY 83/064	10GY 83/150
10GY 79/231	88YY 66/447	10GY 74/325	90YY 55/560	10GY 61/449	94YY 46/629	90YY 83/071

10YR 83/075	90YY 75/120	10GY 71/180	90YY 48/255	90YY 21/371	90YY 13/177	50GY 16/383
50GG 83/034	30GG 83/075	50BG 76/068	30BG 72/069	56GG 77/156	30BG 64/140	56GG 64/258
50GG 41/379	50GG 11/251	44GG 24/451	50GG 18/253	90GG 57/146	10BG 54/199	30BG 44/248
90GG 38/242	90GG 21/219	10BG 22/248	90GG 08/118	90GG 11/295	10BG 11/278	26BG 09/247
30BB 63/124	50GB 72/170	49BB 51/186	30BB 47/179	36BB 46/231	54BB 41/237	50BG 55/241
61BB 28/291	33BB 32/308	45BB 22/347	31BB 23/340	89BG 37/353	72BB 07/288	52BB 15/410
47BB 14/349	70BG 24/380	99BG 22/432	10BB 13/362	30BB 08/263	10BB 17/269	10BB 07/150
04RB 71/092	10RB 53/115	90BB 53/129	03RB 42/220	70BB 44/144	90BB 36/188	30RB 26/224
70BB 28/224	23RB 11/349	18RB 08/286	15RB 07/237	88BB 11/331	30RB 07/107	10RB 10/116

30RB 11/133	10RR 13/081	30RB 15/086	30RR 19/068	10RR 24/061	10RB 36/086	10RR 41/042
10RB 49/062	70RR 55/044	10RB 65/042	10RB 74/038	10RR 75/039	00NN 62/000	90BG 55/051
30BB 45/015	90BG 48/057	50BG 38/011	00NN 37/000	00NN 25/000	90BG 25/079	30BB 16/031
00NN 16/000	90BG 16/060	30BB 10/019	90BG 10/067	50BG 08/021	00NN 07/000	90BG 08/075
40YY 20/081	30GY 27/036	40YY 25/074	90YY 33/062	50YY 33/065	90YY 40/058	70YY 46/053
68YY 86/042	10YY 75/084	45YY 74/073	70YY 73/083	50YY 74/069	40YY 69/112	10YY 67/089
45YY 67/120	20YY 55/151	30YY 50/176	30YY 53/125	45YY 53/151	20YY 43/200	50YY 43/103
20YY 33/145	30YY 33/145	50YY 31/124	20YY 22/129	10YY 14/080	50YY 12/095	30YY 11/076
10YY 08/093	30YY 08/093	30YY 20/029	30YY 14/070	50YR 13/032	00NN 13/100	30YY 10/038

COLOR MATCHING

不同房間的配色速查

我們按照不同房間分別列舉了幾組常用的配色方案。配色方案中的色號可依照本書正文前的「關於本書的色標」來使用。由於兩款牆漆的色彩範圍不同，部分空缺為無法對應的色彩。

APPENDIX

餐廳配色速查

優雅浪漫

VC7208-4	NN0003-4	NN3401-4	NN0830-2
渴望	香盈藕粉	甘草重生	巴黎玫瑰
70BB 83/015	55YR 83/024	90YR 57/293	30YR 29/118
冰川灰	淺暖灰	木色	紫褐色

OC0508-4	RN0051-4	NN0851-4	OC1740-2
岩石紅	靜若處子	祥雲縹緲	篝火彩
35YY 88/050	82RR 76/111	70YR 66/070	50YR 32/460
米白色	珊瑚粉		磚紅色

簡約素雅

OW006-4	NN0003-4	NN2500-1	GC0019-3
暮春	香盈藕粉	黑巧克力	嫩芽綠
	55YR 83/024	00YY 12/173	82YY 74/446
米灰色	淺暖灰	深褐色	淺黃綠

GC5670-3	OW005-4	NN0003-4	NN3401-4
山水一色	日色微明	香盈藕粉	甘草重生
90GG 57/146		55YR 83/024	90YR 57/293
淺松石色	亮白色	淺暖灰	木色

促進食慾

ON0041-2	NN3830-2	NN3401-4	ON0058-4
雞蛋黃	肅穆佛堂	金棕櫚	春雨
23YY 61/631	30YY 47/236	96YR 33/309	57YY 86/073
橙黃色	淺褐色	棕色	

ON0040-3	ON0092-4	ON0025-2	OA2100-1
芒果布丁	天鵝夢	午後豔陽	峇里島
32YY 73/398		02YY 55/518	70YR 13/259
		甜橙色	棕紅色

清爽田園

GN5140-2	VC7208-4	OW005-4	YC0066-2
生菜	渴望	日色微明	金沙
18GY 38/328	70BB 83/015		62YY 78/618
	冰川灰	亮白色	檸檬黃

GC0019-3	GC4130-2	NN3830-2	NN3401-4
嫩芽綠	春色滿園	肅穆佛堂	荷蘭乳酪
82YY 74/446		30YY 47/236	38YY 85/096
淺黃綠	淺草綠	淺褐色	米黃色

寧靜溫馨

GC5780-2	VC0003-4	OW005-4	NN3401-4
西域奇寶	青花瓷	日色微明	荷蘭乳酪
70BB 83/015	70BB 83/015		38YY 85/096
	柔和藍	亮白色	米黃色

GN6107-4	ON0058-4	NN0851-4	NN7380-2
布魯塞爾灰	春雨	祥雲縹緲	阿爾卑斯山
70GY 83/060	57YY 86/073	70YR 66/070	90BG 25/079

客廳配色速查

北歐風格

NN1360-4	NN1340-2	GN6107-4	GA4100-1	YC0066-2	NN1351-4	NN1310-4	NN7800-1
灰鈕釦	深灰	布魯塞爾灰	枯木逢春	金沙	雪花石膏	馬太福音	純黑
84BG 65/028	00NN 25/000	70GY 83/060	88YY 38/530	62YY 78/618	50GY 72/012	05RB 34/258	00NN 05/000
淺中灰	深灰色		橄欖綠	檸檬黃			

現代都市

NN2500-1	NN7201-4	NN1360-4	NN7800-1	NN1340-2	NN7201-4	VC7010-4	VC7690-2
黑巧克力	蝴蝶蘭	灰鈕釦	純黑	深灰	蝴蝶蘭	水晶藍	憂鬱王子
00YY 12/173	50YR 83/010	84BG 65/028	00NN 05/000	00NN 25/000	50YR 83/010	30BB 63/124	50BB 18/216
深褐色	灰白色	淺中灰		深灰色	灰白色	海藍色	鴿藍色

古典韻味

NN1351-4	NN2570-3	GA5000-1	NN2600-1	OA2100-1	NN3401-4	NN3401-4	RA0500-1
雪花石膏	布萊墾棕	佛羅里達棕	卡布奇諾	峇里島	金棕櫚	甘草重生	激情歲月
50GY 72/012	30YY 53/125	77YY 19/297	30YY 08/082	70YR 13/259	96YR 33/309	90YR 57/293	10YR 17/465
	暖灰色		黑棕色	棕紅色	棕色	木色	鐵銹紅

華麗濃郁

RA8100-1	ON2740-2	NN3401-4	VA0100-1	VA8400-1	VC7030-2	GC4090-1	NN7800-1
浪漫彩	萬壽菊	金棕櫚	江南絲竹	茄花紫	紫丁香	拂堤垂柳	純黑
88RR 18/464	34YY 61/672	96YR 33/309	70RR 07/100	32RR 09/203	41RB 24/309	92YY 46/608	00NN 05/000
紫紅色		棕色					

活潑好客

NN0951-4	OA8200-1	YC3040-2	BN0006-2	GA4100-1	ON2740-2	YC2820-3	NN1351-4
靜謐米蘭	橙黃	陽光普照	海洋之心	枯木逢春	萬壽菊	幸運彩	雪花石膏
10YY 75/084	49YR 27/627	54YY 69/747	31BB 23/340	88YY 38/530	34YY 61/672		50GY 72/012
淺駝色	活力橙	月亮黃		橄欖綠			

休閒放鬆

YC0007-2	VC0003-4	VC7690-2	NN3401-4	YV2870-3	NN3401-4	OW005-4	BC5840-2
秋日原野	青花瓷	憂鬱王子	金棕櫚	茉莉花	荷蘭乳酪	日色微明	華燭
23YY 61/631	70BB 83/015	50BB 18/216	96YR 33/309	53YY 83/348	38YY 85/096		88GG 32/346
	柔和藍	鴿藍色	棕色	茉莉黃	米黃色	亮白色	藍綠色

臥室配色速查

時尚前衛

VC0029-1	ON2740-2	NN7800-1	GC5780-2
紫青	萬壽菊	純黑	西域奇寶
10RB 11/250	34YY 61/672	00NN 05/000	70BB 83/015

RN0051-4	RA1400-1	NN7800-1	VC7690-2
靜若處子	戰地女神	純黑	憂鬱王子
82RR 76/111	10YR 14/348	00NN 05/000	50BB 18/216
珊瑚粉			鴿藍色

溫和典雅

NN4720-3	NN3401-4	NN7201-4	NN1360-4
稻田飄香	荷蘭乳酪	蝴蝶蘭	灰鈕釦
47YY 62/143	38YY 85/096	50YR 83/010	84BG 65/028
淺茶色	米黃色	灰白色	淺中灰

NN4990-2	NN4970-3	NN1310-4	OW002-4
草原風暴	卡其布	淡灰	淺蓮灰
70YY 26/137	40YY 51/084	50YY 63/041	

溫馨舒適

NN0003-4	OC2251-4	OW005-4	VC7151-4
香盈藕粉	十月紅霧	日色微明	夜來香
55YR 83/024	25YR 71/129		83BB 71/082
淺暖灰	貝殼色	亮白色	藍灰色

NN3401-4	OC0508-4	NN2570-3	YC3040-2
金棕櫚	岩石紅	布萊墾棕	陽光普照
96YR 33/309	35YY 88/050	30YY 53/125	54YY 69/747
棕色	米白色	暖灰色	月亮黃

自然清新

NN4720-3	OW069-4	GC0020-2	YC0066-2
稻田飄香	楊枝玉	青檸樂園	金沙
47YY 62/143		88YY 66/447	62YY 78/618
淺茶色		黃綠色	檸檬黃

NN0001-4	OW002-4	VC0003-4	GA8800-1
舒適	淺蓮灰	青花瓷	嫩黃綠
		70BB 83/015	16GY 54/615
		柔和藍	

女性臥室

YC2860-4	YC3040-2	RC0280-2	RC0251-4
大波斯菊	陽光普照	雪玫瑰	荷仙姑
62YY 83/382	54YY 69/747	50RR 32/262	19RR 78/088
	月亮黃		

OW006-4	RN0051-4	NN0830-2	VC7690-2
暮春	靜若處子	巴黎玫瑰	憂鬱王子
	82RR 76/111	42RR 26/194	50BB 18/216
米灰色	珊瑚粉	紫褐色	鴿藍色

男性臥室

VA7100-1	NN2570-3	GN5080-2	OA2100-1
夜色寂靜	布萊墾棕	獅峰龍井	峇里島
70BB 10/275	30YY 53/125	10GY 40/296	70YR 13/259
藏青色	暖灰色		棕紅色

NN0003-4	GA4100-1	NN2630-2	NN2600-1
香盈藕粉	枯木逢春	樵夫	卡布奇諾
55YR 83/024	88YY 38/530	10YR 28/072	30YY 08/082
淺暖灰	橄欖綠		黑棕色

廚房配色速查

復古深邃

RA1400-1	NN1340-2	NN0004-4	NN7800-1
戰地女神	深灰	復古橡粉	純黑
10YR 14/348	00NN 25/000	30YR 73/034	00NN 05/000
	深灰色		

NN2600-1	NN3401-4	NN1310-4	OA2100-1
卡布奇諾	甘草重生	淡灰	峇里島
30YY 08/082	90YR 57/293	90YR 57/293	70YR 13/259
黑棕色	木色		棕紅色

時尚前衛

YC3040-2	NN3401-4	VA0001-1	NN0037-4
陽光普照	冬之心	紫茄	太空漫步
54YY 69/747	30BB 33/235	42RB 14/320	28BB 72/039
月亮黃			

ON2740-2	RA8100-1	BC5840-2	NN1351-4
萬壽菊	浪漫彩	華燭	雪花石膏
34YY 61/672	88RR 18/464	88GG 32/346	50GY 72/012
	紫紅色	藍綠色	

簡約大氣

NN0004-4	NN2570-3	OW005-4	NN1300-1
復古橡粉	布萊墾棕	日色微明	黑土地
30YR 73/034	30YY 53/125		00NN 13/000
	暖灰色	亮白色	

NN7101-4	NN1340-2	OW061-4	NN3920-3
翩翩紫蝶	深灰	明斯克灰	冰河灰
	00NN 25/000		39YY 53/067
	深灰色		

質樸田園

NN3401-4	OW014-4	NN4880-2	GA4100-1
甘草重生	綺麗	胡椒樹	枯木逢春
90YR 57/293		49YY 46/310	88YY 38/530
木色			橄欖綠

NN0037-4	NN2570-3	OA1800-1	NN3700-1
太空漫步	布萊墾棕	鮮橙飄香	鄉村土布
28BB 72/039	30YY 53/125	70YR 30/651	30YY 20/193
	暖灰色		

淡雅柔和

RN0038-3	VC0051-4	OW002-4	OW005-4
拉丁女郎	魔幻精靈	煙紫	日色微明
90RR 51/191	69RB 70/114		
			亮白色

OW061-4	NN3401-4	VC0042-4	NN2570-3
明斯克灰	荷蘭乳酪	櫻花粉	布萊墾棕
	38YY 85/096		30YY 53/125
	米黃色		暖灰色

明快亮麗

GC0019-3	GC0020-2	NN3401-4	ON2740-2
嫩芽綠	青檸樂園	細雪飛舞	萬壽菊
82YY 74/446	88YY 66/447		34YY 61/672
淺黃綠	黃綠色		

YC2820-3	OW058-4	BC5920-3	NN0003-4
幸運彩	蟹殼青	鏡湖倒影	香盈藕粉
		17BG 60/228	55YR 83/024
			淺暖灰

衛浴配色速查

浪漫雅致

RA1400-1	OW061-4	NN0003-4	NN1360-4	NN3401-4	NN7101-4	RN0051-4	VC0003-4
戰地女神	明斯克灰	香盈藕粉	灰鈕釦	荷蘭乳酪	翩翩紫蝶	靜若處子	青花瓷
10YR 14/348		55YR 83/024	84BG 65/028	38YY 85/096		82RR 76/111	70BB 83/015
		淺暖灰	淺中灰	米黃色		珊瑚粉	柔和藍

清爽淡雅

VC0003-4	BN0007-2	OW002-4	NN0037-4	OW061-4	BC0017-4	BC5701-4	OW065-4
青花瓷	比利時藍	煙紫	太空漫步	明斯克灰	細雨	蕭瑟西風	迷情白
70BB 83/015	51BB 27/310		28BB 72/039				
柔和藍							

潔淨樸素

OW005-4	NN0003-4	NN2570-3	NN2630-2	OW002-4	NN3401-4	NN1351-4	NN1340-2
日色微明	香盈藕粉	布萊塑棕	樵夫	煙紫	荷蘭乳酪	雪花石膏	深灰
	55YR 83/024	30YY 53/125	10YR 28/072		38YY 85/096	50GY 72/012	00NN 25/000
亮白色	淺暖灰	暖灰色			米黃色		深灰色

沉穩厚重

NN3830-2	GA5000-1	OC0508-4	OA2100-1	NN2570-3	OA0004-1	RA1400-1	NN2600-1
肅穆佛堂	佛羅里達棕	岩石紅	峇里島	布萊塑棕	孟加拉	戰地女神	卡布奇諾
30YY 47/236	77YY 19/297	35YY 88/050	70YR 13/259	30YY 53/125	70YR 30/651	10YR 14/348	30YY 08/082
淺褐色		米白色	棕紅色	暖灰色			黑棕色

極具格調

NN7207-4	NN1351-4	NN3970-3	NN1300-1	VC0029-1	OW061-4	NN7800-1	NN2610-4
科羅拉多	雪花石膏	故路塵封	黑土地	紫青	明斯克灰	純黑	嗶嘰灰
	50GY 72/012	30YY 46/036	00NN 13/000	10RB 11/250		00NN 05/000	67YR 56/055

輕快愉悅

OW006-4	NN0003-4	GC0019-3	NN2500-1	YC3040-2	NN3401-4	OW058-4	VC0003-4
暮春	香盈藕粉	嫩芽綠	黑巧克力	陽光普照	荷蘭乳酪	蟹殼青	青花瓷
	55YR 83/024	82YY 74/446	00YY 12/173	54YY 69/747	38YY 85/096		70BB 83/015
米灰色	淺暖灰	淺黃綠	深褐色	月亮黃	米黃色		柔和藍